Einbandgestaltung: Harry Niemann IV (HN Design) unter Verwendung von Bildern von René Staud.

Bildnachweis: Die zur Illustration dieses Buches verwendeten Aufnahmen stammen – wenn nicht anderes vermerkt ist – von Mercedes-Benz Classic. Die privaten Bilder stammen zum überwiegenden Teil aus dem Fotonachlass von Beate und Wolfgang Nagorsni, daneben aber auch aus den Archiven des Herausgebers und des Verfassers.

ISBN: 978-3-613-04267-4

1. Auflage 2020

Sie finden uns im Internet unter www.motorbuch-verlag.de

Lektorat: Martin Gollnick
Innengestaltung: Anita Ament
Druck und Bindung: Conzella Verlagsbuchbinderei, 85609 Aschheim-Dornach
Printed in Germany

Meiner lieben Frau Christel Schildbach gewidmet, die mich seit vielen Jahren bei meinem rostigen Hobby begleitet und die auch selbst in famoser Manier am Volant aktiv ist.

Klaus Schildbach

Christel Schildbach.

Inhaltsverzeichnis

Vorwort des Herausgebers

Klaus Schildbach.

Als ich elf Jahre alt war, brachte mir mein Vater mit seinem Fiat Topolino das Autofahren bei. Das war 1948, und es hinderte uns keine Polizei daran. Mein Vater gab mir auch die hierzu nötigen technischen Hinweise und beförderte so meine Technikbegeisterung. Ich wollte die Konstruktion der Fahrzeuge ergründen und erfahren. Zum Entsetzen meines Vaters äußerte ich den Wunsch, eine Lokomotivschlosser-Lehre zu absolvieren, was er mir schließlich zugestand.

Im Anschluss an meine Lehre begann ich mit einem Studium an der Ingenieurschule Wildau und nahm gleichzeitig im Rahmen der Gesellschaft für Sport und Technik (GST) an einer Fahrlehrerausbildung in Jüterborg teil, ca. 30 km südlich von Berlin in einer alten Kaserne. Ziel: Fahrlehrer für die Klassen 1 + 5 (Lastwagen + Motorrad). Als jüngstem Teilnehmer gelang es mir, als Lehrgangsbester mit der höchsten Punktzahl abzuschließen. Dafür erhielt ich einen Buchpreis. Titel: »Das Kraftfahrzeughandwerk«.

Meine Frau Christel teilte meine Begeisterung für zwei, drei oder vier Räder von Anfang an. So begann unser Glück mit gemeinsamen Fahrten im IFA BK 350 Gespann. Nach unserem Umzug nach West-Berlin und glücklich verlaufenden Geschäften (ich war inzwischen in das Geschäft meines Vaters eingestiegen, der Alarmanlagen produzierte, und hatte dieses zu einem Unternehmen für optoelektronische Messtechnik ausgebaut) konnte ich mir einen Kindheitstraum erfüllen. Ein Kompressor-Mercedes-Benz Typ SSK war die Einstiegsdroge und festigte meine besondere Liebe für die Autos mit dem Stern. Hierbei vor allem für die frühen Kompressorfahrzeuge, die mich bis heute faszinieren.

Aber ich wollte diese Autos nicht nur fahren, sondern vielmehr auch technisch von A bis Z durchdringen. »Experimentelle Automobilhistorie« könnte man dies nennen, und so war es naheliegend, auch den Wagen, mit dem alles begann, für meine langsam entstehende Sammlung zu erwerben. So kaufte ich einen 10/35 Kompressor-Mercedes Baujahr 1922. Sein Konstrukteur ist Paul Daimler, der älteste Sohn Gottlieb Daimlers, des Mannes, der 1890 die Daimler-Motoren-Gesellschaft (DMG) gegründet hatte, die Urzelle der heutigen Daimler AG.

Als mir 2009 der Nachlass des 1945 in Berlin verstorbenen Paul Daimlers angeboten wurde, griff ich sofort zu. Interessanterweise hatte man diese Unterlagen schon 1976 dem Werksmuseum angeboten, aber aus welchen Gründen auch immer kam es nicht zu einem Verkauf. 2013 ließ ich das Konvolut, in dem sich unter anderem ein langer Bericht eines Testfahrers findet, der den 10/35 erprobt hatte, sachgerecht archivieren. Je mehr ich mich mit den Konstruktionen und auch den biographischen Details Paul Daimlers beschäftigte, desto mehr keimte in mir der Gedanke, Leben und Werk dieses Mannes biographisch aufzuarbeiten. Dieser hatte ja bereits in jungen Jahren eng mit dem Vater zusammengearbeitet und auch als technischer Vorstand die Geschicke der Daimler-Motoren-Gesellschaft über 15 Jahre geleitet. Er war es, der den Kompressormotor einführte und später, nachdem er die DMG verlassen hatte, den ersten deutschen Achtzylindermotor für Horch entwickelte.

Eine Biographie über diesen Mann war also überfällig. Mit Dr. Harry Niemann, dem ehemaligen Leiter der Archive und Sammlung der Daimler AG, und dem Motorbuch Verlag fand ich zwei kompetente Partner für ein solches Projekt. Niemann hatte mit Biographien zu Wilhelm Maybach, Karl Maybach und Gottlieb Daimler schon einen großen Teil automobiler Frühgeschichte aufgearbeitet und war von Anfang an von diesem Projekt begeistert. Das galt auch für die Enkelin Paul Daimlers, Beate Nagorsni, und deren Mann Wolfgang, die beide das Unterfangen nach Kräften unterstützten.

Dabei werfen wir nicht nur einen Blick zurück, sondern wollen auch die heute noch erhaltenen Konstruktionen von Paul Daimler dokumentieren.

So erleben wir ein spannendes Kapitel deutscher Automobil- und Technikgeschichte am Beispiel eines Konstrukteur-Lebens, das in Vergessenheit zu geraten drohte. Vieles davon ist bekannt, doch ohne den konkreten Bezug zum Akteur. Lassen wir also den »König des Kompressors« in all seiner Vielfalt Revue passieren.

Klaus Schildbach im Frühjahr 2020

1869–1902

Aufgewachsen mit dem Schnellläufer. Kindheit und Jugend im Bann der väterlichen Erfindungen.

Es war am 10. November des Jahres 1885, als ein 16 Jahre alter Mann auf einem Kompressor-Motorrad mit der ungeheuren Geschwindigkeit von 12 km/h bei 600 U/min von Cannstatt nach Untertürkheim flitzte. Die Weinbauern schauten verblüfft ob dieser Fahrt mit elementarer Kraft, derweil sich die Frauen bekreuzigten. Für Paul Daimler, den ältesten Sohn Gottlieb Daimlers, sollte dies eine sein Leben prägende Erfahrung werden. Nicht, dass es die erste mit einem Verbrennungsmotor erfolgte Fahrt auf einem Motorrad mit Konstruktionsmerkmalen aus dem Kutschenbau war – hölzerner Rahmen, eisenbeschlagene Räder, eine hölzerne Gabel mit null Nachlauf –, das waren nicht die Besonderheiten der Konstruktion. Nein, es war der Viertakt-Motor mit automatischem Einlassventil und einem über eine Kurvennutensteuerung betätigten Auslassventil, der einen Meilenstein in der Motorenentwicklung darstellte. Die »Standuhr« war mit einem Gewicht von 92 kg nicht nur extrem kompakt und leicht, sodass sie in einem Motorrad untergebracht werden konnte; nein, sie nutzte auch einen integrierten

Das erste Motorrad der Welt, angetrieben von einem Kompressormotor. Das Getriebe ermöglicht bereits zwei verschiedene Geschwindigkeiten: Zwei Riemen übertragen die Kraft auf ein Zahnrad, das mit einem Innenzahnrad in Verbindung steht. Durch eine Spannrolle wird der Riemen mittels eines Hebels gegen die Scheiben angezogen, die zur Erzielung verschiedener Geschwindigkeiten dienen.

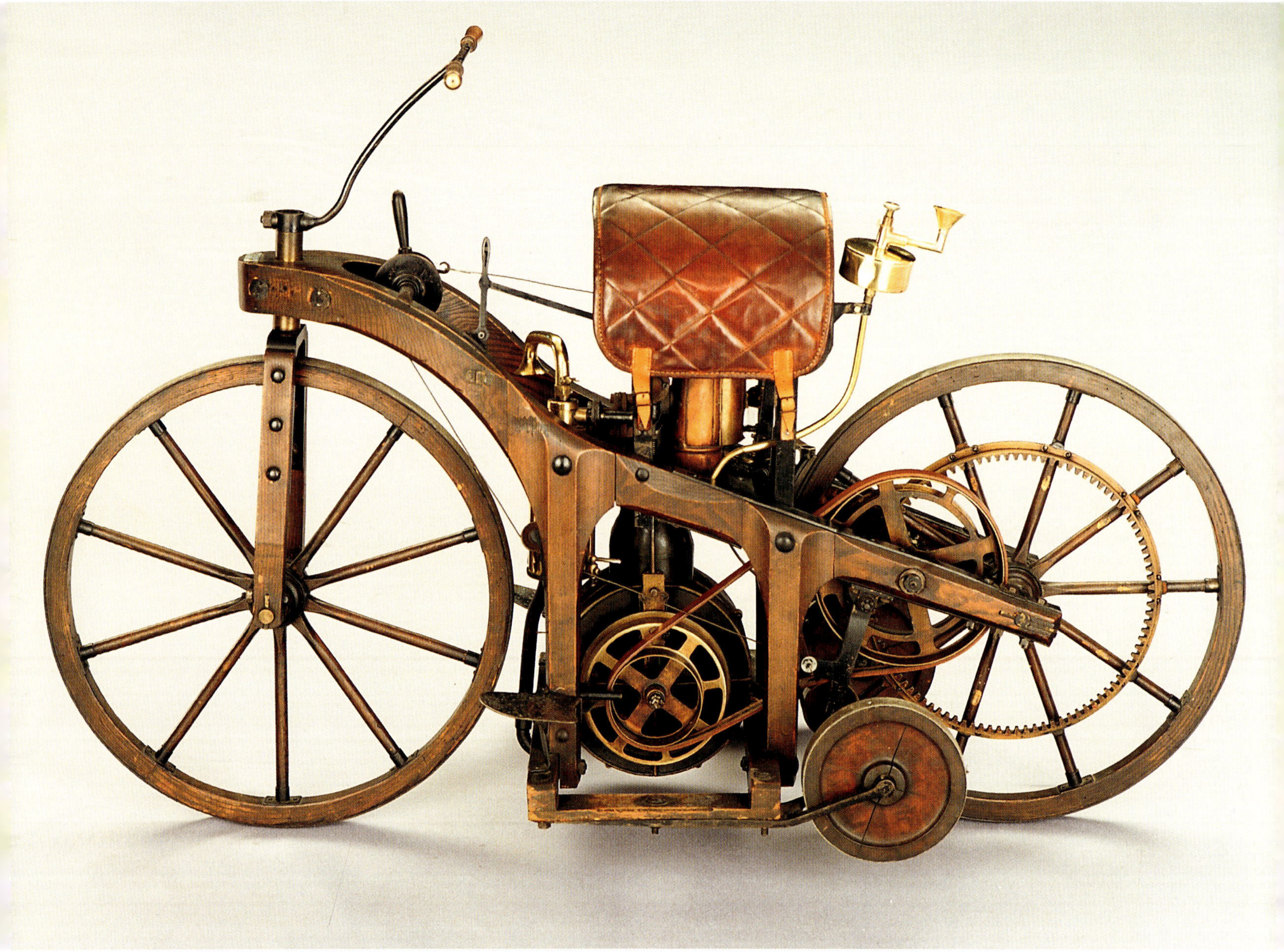

Kompressor, wie er eigentlich konstruktionsbedingt jedem Viertaktmotor zur Verfügung steht. Denn sowohl beim Aufwärts- wie auch beim Abwärtshub kann, ein geschlossenes dichtes Kurbelgehäuse vorausgesetzt, Luft oder ein Kraftstoff-Luft-Gemisch angesaugt und verdichtet werden.

So wird bei der Abwärtsbewegung des Kolbens nicht nur ein Gas-Luft-Gemisch angesaugt, sondern gleichzeitig die Luft im Kurbelgehäuse komprimiert, die dann via Überströmkanäle oder Kolbenventil zusätzlich in den Brennraum gedrückt wird (1. Takt). Bei der folgenden Aufwärtsbewegung des Kolbens und dem Verdichten des Gas-Luft-Gemisches wird gleichzeitig Luft via Membrane oder Einlasskanal (kolbengesteuert) in das Kurbelgehäuse gesogen (2. Takt). Nach erfolgter Zündung des Gemisches kommt es zu einem erneuten Komprimieren der Luft im Kurbelgehäuse (3. Takt). Es folgt das Ausstoßen des verbrannten Gemisc hes bei gleichzeitiger Spülung und Innenkühlung mit Frischluft über die Überströmkanäle oder das Kolbenventil (4. Takt).

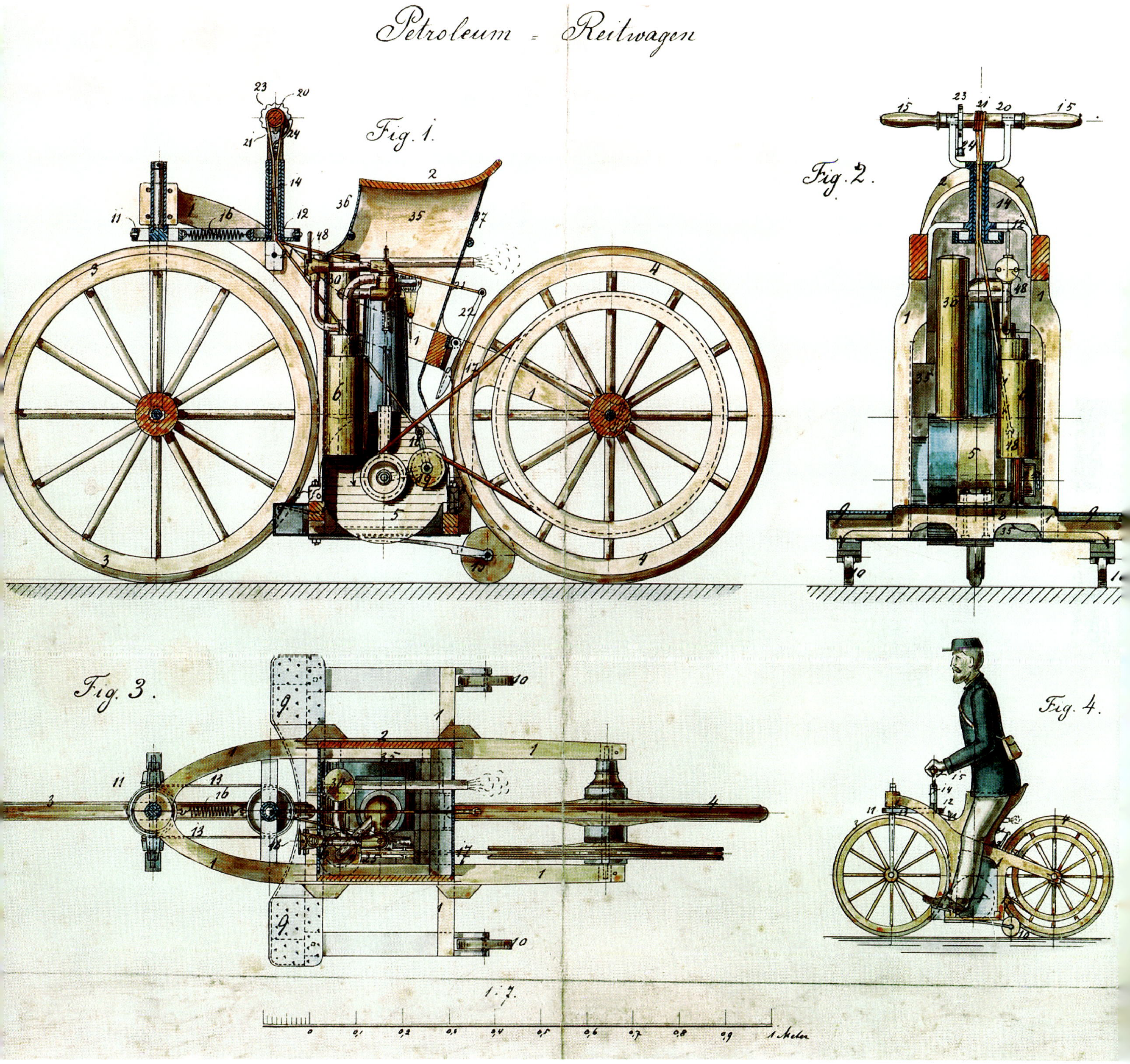

Kolorierte Konstruktionszeichnung
des »Petroleum-Reitwagens«.

1

2

3D-Zeichnungen des Funktionsprinzips des Daimler-Motor-Patents von 1885. Die Steuerung erfolgt über einen Walzendrehschieber. 1. Ausspülen des verbrannten Gases und Ansaugen über das Kurbelgehäuse. 2. Ansaugen über das Einlassventil und Aufladen über den Überströmkanal. 3. Verdichten und Zünden. 4. Ausblasen des Brennraums und Ansaugen über das Kurbelgehäuse. (Grafiken: HN Design)

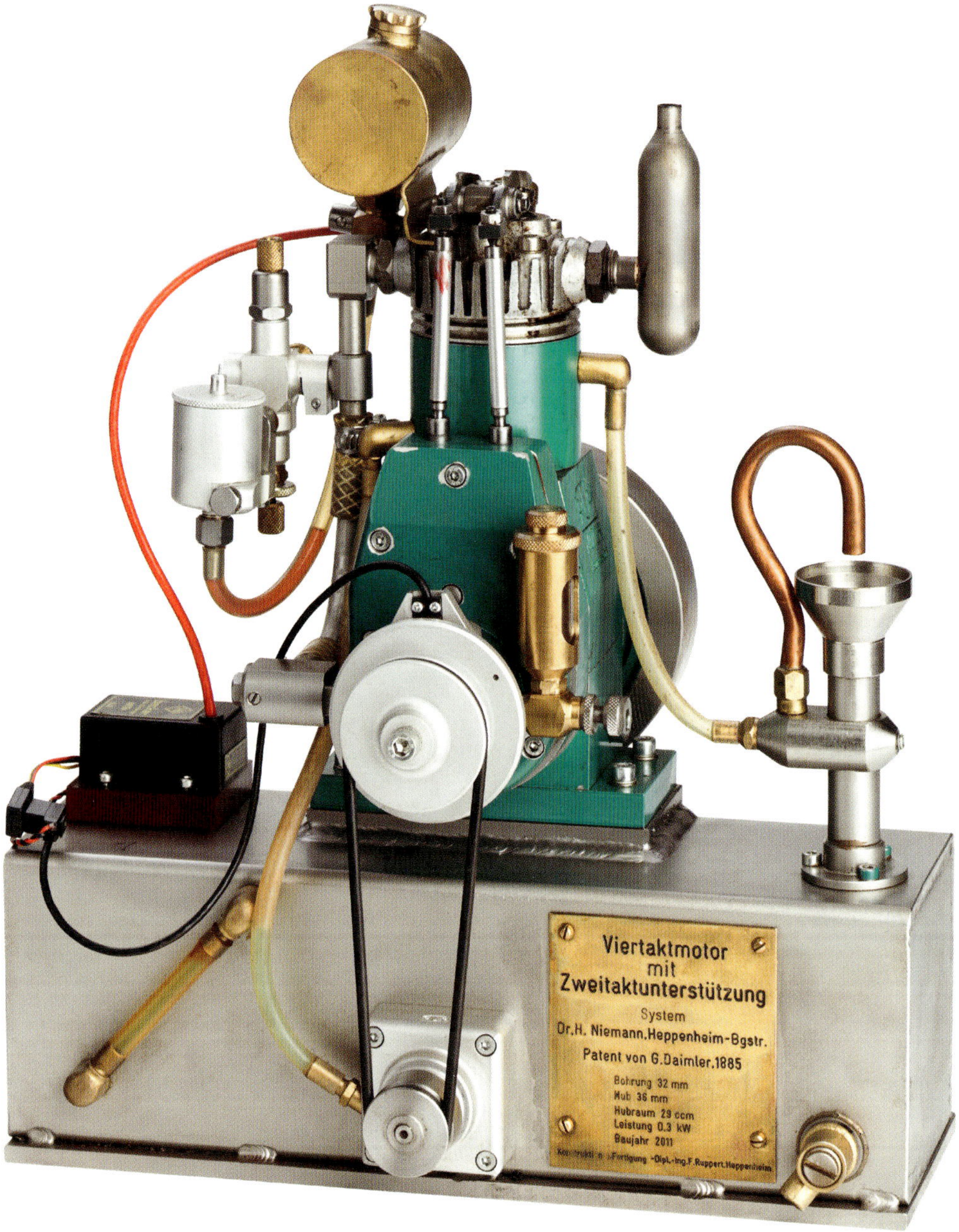

Modell-Motor. Es handelt sich um den einzigen existierenden Motor, der nach dem Daimler-Patent D. 2187, Patentschrift 532 von 1885, arbeitet. Gebaut wurde er 2011 von Dipl.-Ing. Franz Ruppert, Heppenheim/Bergstraße. Dieser wassergekühlte Einzylindermotor hat bei einer Bohrung von 32 mm und einem Hub von 36 mm einen Hubraum von 28,95 ccm und leistet 0,3 kW (0,41 PS). Die Steuerung erfolgt über Ventile im Zylinderkopf, die ihrerseits von einer untenliegende Nockenwelle über Stoßstangen gesteuert werden, und einer Membrane auf dem Kolbenboden, die als Ventil dient. Die Gemischzuführung zum Kurbelgehäuse erfolgt über einen Walzendrehschieber. Der Modell-Motor ist so ausgelegt, dass er auch im reinen Viertaktbetrieb ohne den inneren Kompressor betrieben werden kann.
(Foto: Fotostudio Neher, Heppenheim a.d.B.)

Nach dem gleichen Prinzip arbeitete die Standuhr mit Kolbenventil. Gottlieb Daimler und Wilhelm Maybach hatten erkannt, dass sich damit der Kolbenhub beim Viertaktmotor verdoppeln ließ. Der Technikhistoriker Sass bemerkte dazu:
»In Bild 35, das einen Schnitt durch den ausgeführten Kolben mit dem Kolbenventil und der Vorrichtung zur Entlastung des Ventiltellers darstellt, ist der Kolben in seiner tiefsten Lage gezeichnet; der Teller m der Ventilfeder hat sich gegen die vier Stirnflächen des feststehenden Anschlags h gelegt und die Ventilfeder zusammengedrückt. Der Teller ist jetzt nicht mehr belastet und kann sich unter dem Überdruck der im Kurbelgehäuse vorverdichteten Luft von seinem Sitz abheben. Die Luft tritt durch die Bohrung n im Ventilsitz aus dem Kurbelgehäuse in den Arbeitszylinder über und bewirkt abwechselnd bei jedem zweiten Aufwärtshub eine Reinigung von den Abgasen und eine Anreicherung der Zylinderladung mit Frischluft.«[1]
Im Vergleich zum Ottoschen Viertaktmotor ist Gottlieb Daimler damit eine Neuerfindung gelungen. Dies bestätigt auch die Abt. 1 des Kaiserlichen Patentamts und weist am 5. Dezember 1885 den Einspruch der Deutzer Gasmotorenfabrik mit folgender Begründung zurück:

[1] Sass, Friedrich: »Geschichte des deutschen Verbrennungsmotorenbaus von 1860 bis 1918«. Berlin, Göttingen, Heidelberg 1962, S. 90.

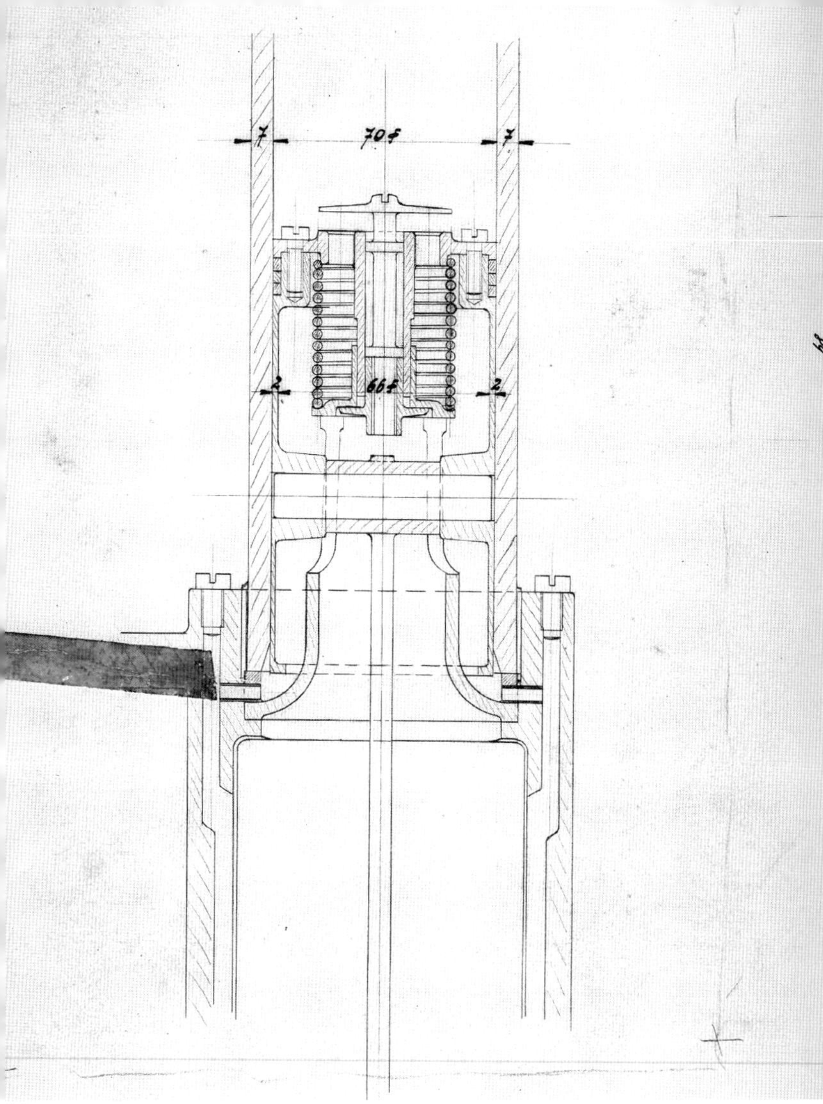

Schnittzeichnung des Kolbenventils.

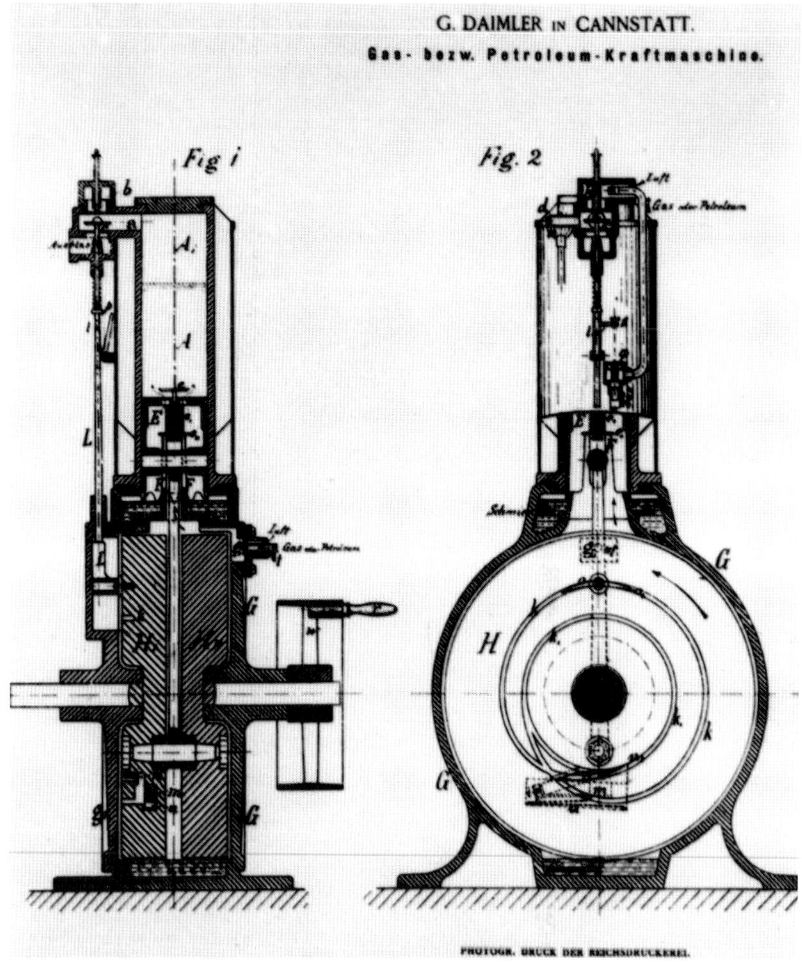

Motor nach der Patentschrift No. 532 mit Kolbenventil und Kurvennuten-Steuerung.

»Das unter D. 2187 angemeldete Arbeitsverfahren kennzeichnet sich dadurch, dass während zweier Umdrehungen der Kurbelwelle d.h. bei den entsprechenden vier Kolbengängen folgende Wirkung erfolgen:

a) Die vollständige Verdrängung der Verbrennungsrückstände, welche schon bei Vollendung des vorhergegangenen Kolbenganges in Folge ihrer eigenen Spannung teilweise austreten und von der zugleich aus dem Pumpenraum durch den Kolben eintretenden, das Volumen eines Kolbengangs repräsentierenden ersten Ladung bis in das äußerste Ende des Zylinderraums vorgedrückt worden waren, durch die Verschiebung dieser vollen Zylinderladung beim ersten Kolbengange und zugleich die Ansaugung einer frischen Füllung des Pumpenraums.

b) Die Ansaugung einer zweiten Ladung durch das obere Ventil während des zweiten Kolbenganges und Eintritt einer dritten Ladung aus dem Pumpenraume bei Vollendung des zweiten Kolbenganges.

c) Die Komprimierung der drei Ladungen während des dritten Kolbenganges und Entzündung des verdichteten, bei Vollendung des dritten Kolbenganges.

d) Die Arbeit der entzündeten Ladung während des vierten Kolbenganges bis zur Wiederholung des unter a genannten Vorgange am Ende dieses Kolbengangs.

Dieses Verfahren ist neu, und weicht auch namentlich durch den dreifachen Eintritt von frischen Ladungen während der Periode von zwei Umdrehungen der Kurbelwelle sowie die absichtlich schnelle Verbrennung zur Schaffung schnell laufender Maschinen, soweit von dem in der Patentschrift No. 532 beschriebenen Arbeitsverfahren ab, dass es als selbständig patentierbar angesehen werden konnte.«[2]

[2] Brief des Kaiserlichen Patentamts Abt. I an die Gasmotorenfabrik Deutz vom 5.12.1885. Daimler Archiv, Bestand Daimler Bio 28/1, 1L02 0054.

Die nach diesem Patent arbeitende »Standuhr«.

Auch Paul Daimler erkannte hier früh das Prinzip des Kompressors, das er 25 Jahre später in aller Konsequenz umsetzen sollte. Er selbst schrieb in einem Rückblick zur Geschichte des Kompressormotors im Jahre 1939 in der »Motorschau« bezüglich der »Standuhr«:

»Die Idee, zu der vom Kolben angesaugten Menge Kraftstoff-Luftgemisch noch weitere Verbrennungsluft zuzuladen, um durch Verarbeitung erhöhter Brennstoffmenge die Leistungsabgabe der Motoren noch mehr zu steigern, entstand bei meinem Vater Gottlieb Daimler schon im Anfang seiner Versuche in Cannstatt, und so baute er seine Motoren bereits in der 80er Jahren [des 19. Jahrhunderts, d. Verf.]. Durch Ventile, die in den Kolbenboden eingesetzt waren, wurde in dem Zeitpunkt, da der Kolben sich dem unteren Totpunkt näherte, zusätzlich Luft in den Verbrennungsraum gedrückt.

Die Ventile, welche durch eine Feder am Kolbenboden festgehalten wurden, saßen beim Niedergang des Kolbens auf seitlichen Augen der Kolbenwand auf und öffneten nach dem Kurbelraum zu. Während des Niedergangs vom Verbrennungs- zu Auspuffhub wirkte dann die eingedrückte Luft als Spülmittel; zugleich besorgte sie eine willkommene Kühlung. Ein solcher Kompressor, der gleichzeitig drückt und spült, ist bis auf den heutigen Tag nicht wieder gebaut worden.«

Geboren wurde Paul Friederich Daimler am 13. September 1869 im badischen Karlsruhe, wo der Vater eine Anstellung als »Vorstand der Werkstätten« bei der Maschinenbau Gesellschaft Karlsruhe innehatte. Die evangelische Taufe fand am 4. Oktober 1869 statt. Im gleichen Jahr holte Gottlieb Daimler übrigens Wilhelm Maybach in das Unternehmen, der es allerdings bald darauf wieder verlassen sollte.

Pauls Eltern hatten am 9. November 1867 in Maulbronn geheiratet. Mutter und Vater waren im Schwäbischen verwurzelt. Emma Daimler, am 29. April 1843 geb. Kurtz, einem Apothekerhaushalt zu Heilbronn entstammend, gebar zwei weitere Söhne, Adolf Wilhelm (8. September 1871) und Gottlieb Wilhelm (4. Juli 1881), und zwei Töchter, Emma (11. April 1873) und Martha (22. Oktober 1878).

Wirtschaftlich wie politisch waren es Zeiten des Umbruchs. »Made in Germany«, jenes Label, das Großbritannien zur Kennzeichnung deutscher Produkte erzwungen hatte, wandelte sich in das Gegenteil und wurde zum Qualitätsmerkmal. Der deutsch-französische Krieg, in dem der Norddeutsche Bund unter der Führung Preu-

Gottlieb Daimler und seine erste Frau Emma (geborene Kurtz). Vermutlich ein Hochzeitsbild, die Hochzeit fand am 9.11.1867 statt.

ßens zusammen mit Baden, Württemberg, Bayern und Hessen-Darmstadt obsiegte, mündete 1871 in die Reichsgründung. Die Hohenzollern verstanden es, Nationalstolz mit einem kontinuierlichen wirtschaftlichen Aufschwung zu verbinden. Dass diese Entwicklung nicht unkritisch zu sehen ist, zeigt die Anmerkung des amerikanischen Historikers Gordon A. Craig:

»Die Proklamation Wilhelms I. zum Kaiser im Spiegelsaal von Versailles war nichts weniger als eine Militärparade, denn die Teilnehmer in Zivil nahmen sich kläglich aus unter den gravitätischen Siegern von Mars-la-Tour und Gravelotte, die sich mit ihren blitzenden Säbeln und schimmernden Orden um den Thron drängten. [...] Man kann in der Tat von einer fortschreitenden Militarisierung des deutschen Lebens nach 1871 sprechen. Militärische Vorstellungen drangen in die Geschäftswelt ein und brachten einen Schlag von Industriellen hervor, die ihre Unternehmungen befehligten wie Kommandanten ihre Festung.«[3]

Vor diesem Hintergrund eines neu erwachten deutschen Nationalstolzes wuchs der kleine Paul auf. Der Vater war 1872 nach Deutz gegangen zu der damals weltweit größten Motorenfabrik, der Gasmotorenfabrik Deutz. Für die Mutter war dies der Umzug nach »Norddeutschland«, wie sie Bekannten mitteilte. Gottlieb Daimler sollte zusammen mit Nikolaus August Otto den von diesem erfundenen atmosphärischen Gasmotor weiterentwickeln. Die Familie Daimler bezog in der Folge eine großzügige Villa mit Gartenanlage in Köln-Mühlheim in direkter Nachbarschaft zur Familie Otto.

[3] Craig, Gordon A.: »Über die Deutschen«. München 1982, S. 268.

Die Familie Daimler um 1885 auf der Terrasse der Cannstatter Villa. Von links: Gottlieb Daimler, seine Schwägerin Marie Kurtz, sein ältester Sohn Paul, sein zweiter Sohn Adolf, Daimlers Schwiegervater, der Apotheker Friedrich Kurtz, der jüngste Sohn Wilhelm, seine erste Frau Emma, die älteste Tochter Emma und schließlich die zweite Tochter Martha. Außerdem: Hund Bello.

Gasmotoren-Fabrik Deutz.

Schon bald sollte es zwischen den beiden Direktoren (dem kaufmännischen und dem technischen) zu nicht unerheblichen Spannungen kommen.[4] Nicht Daimler, sondern Otto war es, dem mit der Konstruktion des Viertaktmotors 1876 der große Wurf gelang. Das Frappierende indes war, dass dieser seine eigene Erfindung technisch nicht ganz durchdrungen hatte, anders als Daimler. Otto hielt die Schichtladung und nicht das Viertaktprinzip für relevant. Dazu bemerkt Rathke:
»Dies [der Fabrikschornsteinrauch, Anm. d. Verf.] brachte ihn auf den Gedanken, daß man auch in einer Gasmaschine ähnlich verfahren könne, indem man an der Zündstelle, die er mit der Mündung des Kamins verglich, für ein reiches Gasgemisch sorgte und dieses Gemisch nach dem Kolbenboden zu in seinem Gasgehalt abnehmen ließ. [...] Er wollte dies dadurch erreichen, daß er der Maschine beim Ansaugen zunächst nur reine Luft zuführte, die sich in einer Schicht über die in dem Zylinder von dem vorherigen Arbeitsgang verbliebenen Restgase lagerte. Erst dann sollte ein Gasluftgemisch angesaugt werden. Otto stellte sich nun vor, daß sich auf diese Weise gewissermaßen drei Schichten im Zylinder bilden würden und daß diese schichtweise Ladung auch bei der darauffolgenden Kompression und anschließenden Zündung im großen und ganzen beibehalten werden könnte.«[5]
Auch Sass bemerkt dazu: *»Der Größe seiner Erfindung ist Otto sicher nicht bewußt geworden. Der Gedanke,*

[4] Vgl. Niemann, Harry: »Gottlieb Daimler. Fabriken, Banken und Motoren«. Bielefeld 2000, S. 62 ff.
[5] Rathke, Kurt: »Wilhelm Maybach. Anbruch eines neuen Zeitalters«. Friedrichshafen 1953, S. 64.
[6] Sass, Friedrich: »Geschichte des deutschen Verbrennungsmotorenbaus von 1860 bis 1918«. Berlin, Göttingen, Heidelberg 1962, S. 52.

das Mittel gefunden zu haben, das die gefährlichen Explosionen sicher vermied, beherrschte ihn so, daß ihm der Viertakt als unwichtig erschien.«[6]

Unabhängig davon wurde »Ottos neuer Motor«, so die offizielle Bezeichnung, ein großer Erfolg und gestattete es der Gasmotorenfabrik Deutz, sich auf dem Markt nachhaltig gegen die Dampfmaschinenproduzenten durchzusetzen. Ottos Position wurde durch seine Erfindung deutlich gestärkt, die Gottlieb Daimlers geschwächt. Dies führte dazu, dass er 1882 aus dem Unternehmen ausschied und nach Württemberg zurückkehrte.[7] Er selber vermerkte dazu:

»Ich kann, da es sich gerade um einen Deutzer Angriff handelt, die Bemerkung nicht unterdrücken, dass gerade dieses Etablissement seinen großen Aufschwung und den guten Ruf seines Fabrikates nicht zum wenigsten meiner Mitwirkung als technischem Direktor zu verdanken hat; denn unter meiner Leitung vom Jahre 1872 bis 1882 wurde aus einer kleinen Werkstätte eine planmäßig eingerichtete gut organisierte Musterfabrik, ein Weltetablissement. Ich fand nur den atmosphärischen Gasmotor Langen & Otto in nicht vollkommenster Ausführung vor und unter meiner Leitung entstand der erste direkt wirkende 1-pferdige und der erste 100-pferdige Kompressions-Gasmotor, der überhaupt in der Welt gebaut wurde. Dass derselbe ausschließlich nach Otto benannt wurde, ist meiner Bescheidenheit zu verdanken.«[8]

Das neue Domizil: eine repräsentative Villa in der Taubenheimstraße zu Cannstatt, direkt am Kurpark. Leisten konnte sich Gottlieb Daimler dies, denn er hatte aus heutiger Sicht in Deutz ein Millionenvermögen verdient. Mit nunmehr 48 Jahren begann er, seine Vision vom schnelllaufenden Viertaktmotor in Eigenregie umzusetzen. Die Versuchswerkstatt war in dem der Villa nahegelegenen Gartenhaus untergebracht und so für Paul nach der Schule jederzeit erreichbar. Er besuchte die Königliche Realanstalt Stuttgart und begann schon mit 14 Jahren, seinem Vater zur Hand zu gehen. Dieser hatte seinen Chefkonstrukteur Wilhelm Maybach dazu veranlasst, Deutz ebenfalls zu verlassen und ihm nach Stuttgart zu folgen.[9]

7 Vgl. Niemann, Harry: »Gottlieb Daimler. Fabriken, Banken und Motoren«. Bielefeld 2000, S. 70 ff.

8 Siebertz, Paul: »Gottlieb Daimler zum Gedächtnis. Eine Dokumentensammlung«. Daimler-Benz AG (Hg.), Stuttgart 1950, S. 59.

9 Daimler beteiligte Maybach mit 30.000 Mark an der Unternehmung, wovon dieser jährlich 4%, sprich 1200 Mark erhielt. Vgl. Niemann, Harry: »Maybach, der Vater des Mercedes«. Stuttgart 2000, S. 39 f.

Haus der Familie Daimler in Cannstatt, Taubenheimstraße. Blick vom Garten auf das Haus. In der Mitte auf dem Balkon: Gottlieb Daimler, daneben die zweite Ehefrau Lina Daimler mit Hund Bello, Hausangestellte. Unten am Balkon rechts vermutlich Paul Daimler, Hausangestellte in der Gartentür. Ca. 1895.

Straßenansicht der Villa mit dem Schild: »Kuranstalt Daimler«.

Hier präsentiert Gottlieb Daimler 1888 auf der Palermo Nationale Ausstellung stolz eine Konstruktion seines Sohnes Paul, eine Straßenbahn. Mit dabei der Direktor der ME, Adolf Groß (4. Person von links, gleichzeitig Mitglied des Aufsichtsrates der Daimler-Motoren-Gesellschaft).

Einmal fuhr Paul Daimler mit dem Wagen von Cannstatt über Waiblingen nach Linden eine neunprozentige Steigung. Paul Daimler pflegte dann den Regulator auszuschalten, den man für unumgänglich hielt. Dazu hatte er eine kleine, unter dem Sitz verlaufende Schnur, mit der er den Mechanismus blockierte. Dann ließ er den Motor auf hohen Touren laufen, was Gottlieb Daimler ungemütlich war. Dieser fuhr niemals selbst, obwohl er körperlich noch sehr beweglich war. 1895 fuhr Paul Daimler mit seinem Vater mit einem Vierzylinder Panhard Break, bei dem der Einstieg über eine kleine Leiter auf der Rückseite erfolgte, durch den Schwarzwald. An einer abschüssigen Stelle oberhalb von Wildbad begegnete er einem langen Holzfuhrwerk, dem er ausweichen musste. Der Wagen war bei dem Manöver auf der leicht vereisten Straße nicht mehr zu halten. Paul Daimler rief seinem Vater, der hinten saß, zu: »Abspringen!«, was dieser auch tat. Auch Paul Daimler richtete sich am Steuer auf und ließ den schleudernden Wagen über die Böschung gegen einen Baum sausen, nachdem er selbst ebenfalls abgesprungen und in einem Gebüsch im dichten Schnee gelandet war. Dank dieses Manövers blieben beide unverletzt.

Gottlieb Daimler lässt sich im Fond seiner »Motorkutsche« von seinem Sohn Adolf chauffieren.

Neben den Probe- und Testfahrten waren es vor allem auch die Auslandsaufenthalte, bei denen Paul seinen Vater begleitete. Vor allem der enge Kontakt mit der Familie Sarrazin-Levassor hatte viele Frankreichaufenthalte zur Folge, und auch die Ferien verbrachte Paul auf deren Landgut in Etretat bei Le Havre. Darüber hinaus erlebte er hautnah mit, wie die ersten großen Rennen veranstaltet wurden. In einem Rückblick berichtete er 1915: *»Am frühen Morgen des ersten historischen Automobilrennens in Frankreich, des von der Pariser Zeitung ›Le Petit Journal‹ 1894 ins Leben gerufen Wagenrennen Paris-Rouen, befinden wir uns, mein Vater und ich, in der Nähe der Porte Maillot bei Paris in Erwartung dessen, was kommen soll. Es bereiteten sich die Wagen zu Rennfahrt nach Rouen und zurück vor. Eine riesige Menschenmenge strömt herbei, um das einzigartige Schauspiel zu sehen. Die Rennwagen, in Form und Art und Größe grundverschieden, schwere Dampfwagen mit Anhängern und Riesenkräften, konkurrierten mit leichtesten Dampfdreirädern, und wiederum diese mit Benzinwagen. Ich nenne an dieser Stelle Namen wie: A. Bollèe, Serpollet, De Dion und dann Panhard-Levassor, Leon Bollée und andere. Die ersteren machten beim Durchfahren der Ortschaften die Häuser erzittern, die anderen, zierlich und klein, nehmen sich aus gegen diese wie Zwerge. Doch all diese verschiedenen Fahrzeuge fahren um denselben Zweck: als erste in Rouen und als erste von dort wieder zurück in Paris an der Porte Maillot einzutreffen. Wir selbst begleiteten im Wagen das Rennen. Es war ein eigenartige Schauspiel, diese so Grund verschiedenen Wagentypen sich in Geschwindigkeit messen zu sehen: die Heizer der schweren Dampfwagen schweißtriefend, von Ruß überzogen, schwer arbeiten mit aufschütten von Brennmaterial, die Fahrer der kleinen Dampf Dreiräder, dauernd den Druck und Wasserstand im kleinen, kunstvoll gefügten Röhrenkessel beobachten und die Ölfeuerung regulierend, und im Gegensatz dazu die Fahrer der Benzin- und Petrolwagen ruhig auf dem Lenker*

Sitz, hier und da ein Hebel betätigen, wie rein nur zum Vergnügen fahrend – ein ganz eigenartiger Vergleich und mir zeitlebens unvergesslich!«[11]
Mit der Gründung der Daimler-Motoren-Gesellschaft 1890 mit den Mitgesellschaftern Max Duttenhofer (Leiter der Vereinigten Köln-Rottweiler Pulverfabriken) und Wilhelm Lorenz (Gründer der Deutschen Metallpatronenfabrik Lorenz in Karlsruhe) sollte dem Unternehmen mehr Kapital zur Verfügung stehen, allerdings hatte sich Gottlieb Daimler auf einen für ihn verhängnisvollen Gesellschaftsvertrag eingelassen.[12] Es muss für beide Söhne prägend gewesen sein, mit anzusehen, wie der Vater nach nur vier Jahren aus der eigenen Firma gedrängt wurde. Auf der anderen Seite erlebten sie aber auch die schwäbische Zähigkeit des Vaters, der schon 1892 mit Wilhelm Maybach, der 1891 die DMG verlassen hatte, im Gartensaal des Hotels Hermann zu Cannstatt einen unabhängigen Versuchsbetrieb einrichtete, bei dem nicht nur der Spritzdüsenvergaser entwickelt wurde, sondern auch der zweizylindrige Phönix-Motor.

[11] Festschrift zum 25-jährigen Bestehen »DMG 1890–1915«, Stuttgart, 1915, S. 58 ff.
[12] Vgl. Niemann, Harry: »Gottlieb Daimler. Fabriken, Banken und Motoren«. Bielefeld 2000, S. 183 ff.

Erster Warenzeichenentwurf für die DMG mit handschriftlichen Korrekturvermerken und der Zeichnung eines Lenkballons von Gottlieb Daimler.

Gründungsbilanz der DMG.

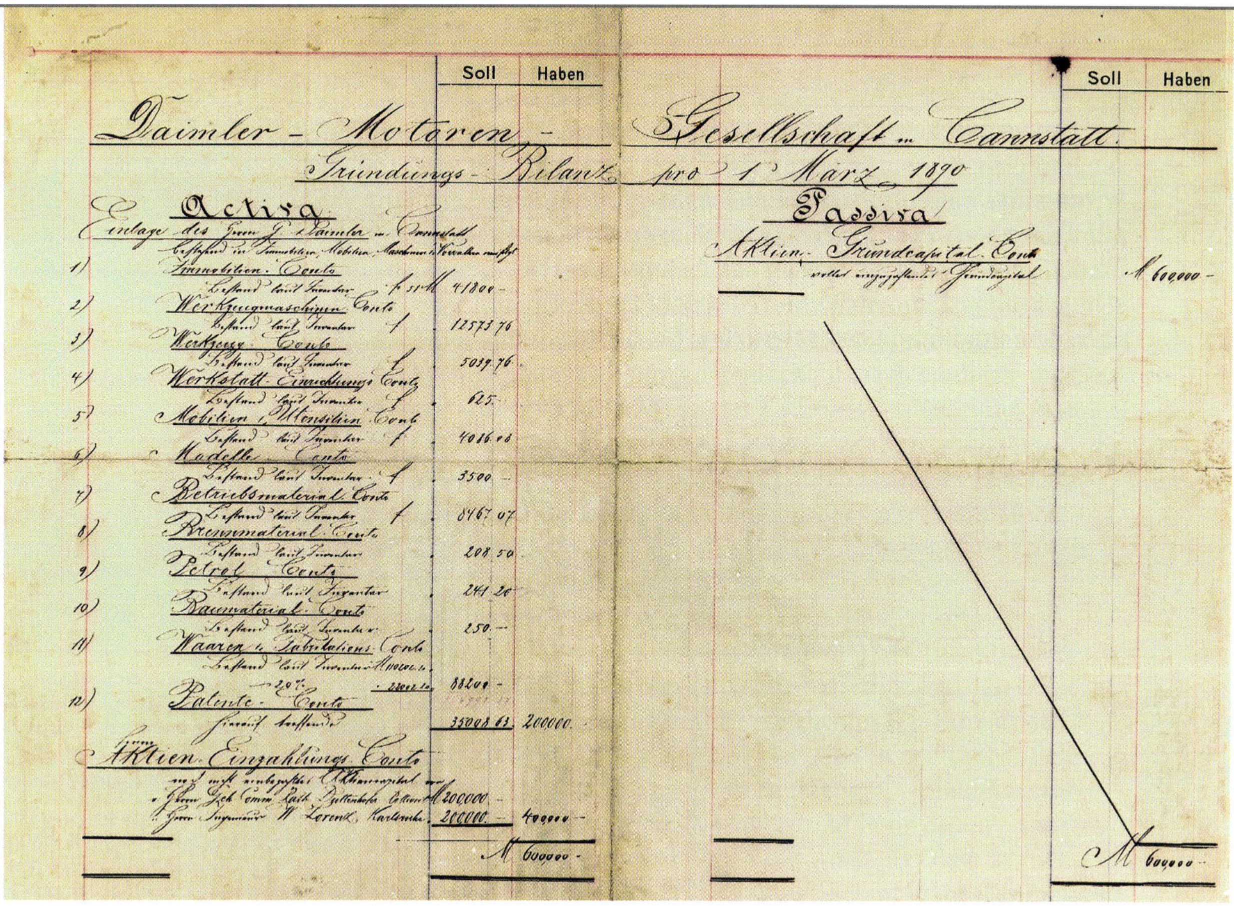

Daimler-Motoren-Gesellschaft in Cannstatt

Gründungs-Bilanz pro 1. März 1890

Activa	Soll	Haben
Einlage des Herrn G. Daimler in Cannstatt		
1) Immobilien-Conto	41800 –	
2) Werkzeugmaschinen-Conto	12575 76	
3) Werkzeug-Conto	5039 76	
4) Werkstatt-Einrichtungs-Conto	625 –	
5) Mobilien & Utensilien-Conto	4016 08	
6) Modelle-Conto	3500 –	
7) Betriebsmaterial-Conto	8467 07	
8) Brennmaterial-Conto	208 50	
9) Petrol-Conto	241 20	
10) Baumaterial-Conto	250 –	
11) Waaren & Fabrikations-Conto	88200 –	
12) Patente-Conto	35008 63	200000 –
Aktien-Einzahlungs-Conto		
Herrn Geh. Comm. Rath Duttenhofer, Rottweil	M 200000 –	
Herrn Ingenieur W. Lorenz, Karlsruhe	200000 –	400000 –
		M 600000 –

Passiva	Soll	Haben
Aktien-Grundcapital-Conto		M 600000 –
		M 600000 –

Der Gartensaal des ehemaligen Hotels Hermann, in den Gottlieb Daimler seine Aktivitäten verlegte, nachdem man ihn aus der DMG hinausgedrängt hatte. Zusammen mit Wilhelm Maybach ersann und realisierte er zwischen 1892 und 1895 wichtige Konstruktionen, darunter vor allem den Phönix-Motor.

Automobilausstellung in Paris, Juni 1898. Hier stellten (von rechts gesehen) Gottlieb Daimler, sein engster Mitarbeiter Wilhelm Maybach und Meister Bauer den 5-t-Lastwagen mit Zweizylinder-Phönix-Motor vor.

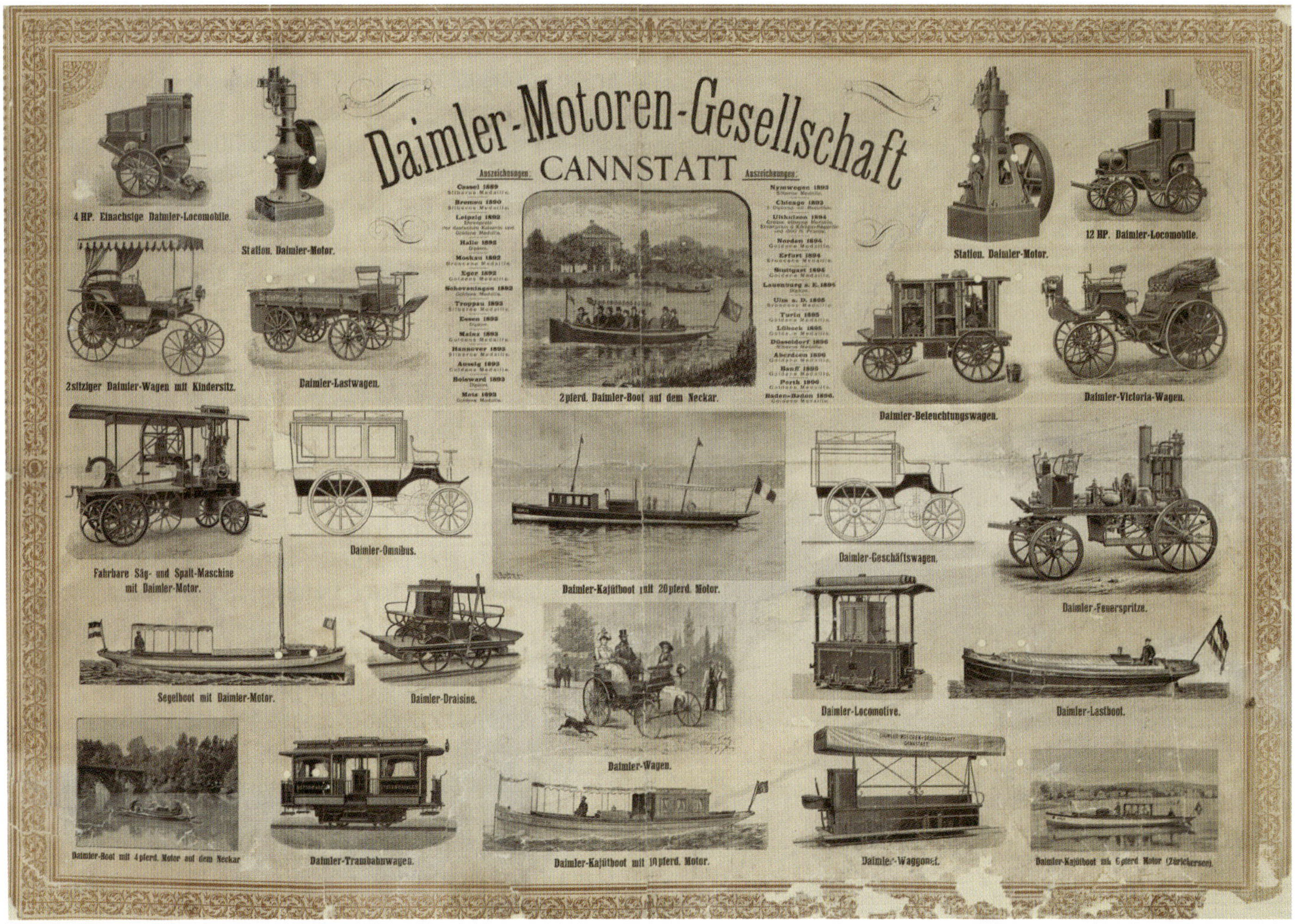

Die Produktpalette der Daimler-Motoren-Gesellschaft von 1896.

Daimler Riemenwagen Typ Viktoria mit den Herren Möwes, Bauer und Paul Daimler (von links), um 1897. Das Bild ist vermutlich auf dem Fabrikhof der Cannstatter Fabrik entstanden.

frisierte Bilanzen, damit Gottlieb Daimler keinen zu großen persönlichen Nutzen daraus ziehen konnte. Dabei hatte man es geschafft, dass bereits zur Generalversammlung 1901 der Steiner-Gruppe 680 und der Familie Daimler nurmehr 130 der insgesamt 900 Daimler-Aktien gehörten. Und weil der Firmengründer nun tot war, hatte auch das Berliner Konkurrenzunternehmen (Kapital knapp drei Millionen Mark) seinen Sinn verloren, weshalb die Generalversammlung im Juni 1902 dessen Übernahme als Zweigniederlassung Berlin Marienfelde in die Daimler-Motoren-Gesellschaft beschloss. Damit gehörte der Familie Daimler nur noch 1/30 der Firma. In deren Aufsichtsrat wurden Isidor Loewe, Hermann Steiner (ein Vetter Kilian Steiners) und Alfred von Kaulla zugewählt. Seither war und blieb die Daimler-Motoren-Gesellschaft im Besitz mächtiger Kapitalgruppen. Für die majorisierte und damit in arg schofler Art enteignete Gründerfamilie muß dies bitter gewesen sein, der Firma selbst ist dies allerdings per saldo recht gut bekommen.«[13]

Dies war nicht zuletzt auch den beiden Daimler-Brüdern zu verdanken. Adolf Daimler hatte seit Ende der 90er Jahre die Betriebsleitung der DMG übernommen und den Vater schon zu dessen Lebzeiten vertreten. Paul Daimler sollte sich, nachdem man Wilhelm Maybach 1907 in recht unschöner Art aus der DMG gedrängt hatte[14], zum technischen Kopf des Unternehmens entwickeln. 15 Jahre lang, von 1907 bis März 1922, bestimmte er in leitender Position die technischen Entwicklungen zu Lande, zu Wasser und in der Luft. Wirtschaftlich wurde das Unternehmen hingegen von Anfang an von der Württembergischen Vereinsbank gelenkt, die 1924 in der Deutschen Bank aufging.[15]

[13] Oswald, Werner: »Mercedes-Benz Personenwagen 1886–1986«. Stuttgart 1994, S. 76.

[14] Vgl. Niemann, Harry: »Maybach – Der Vater des Mercedes«. Stuttgart 2000, S. 150 ff.

[15] Vgl. Pohl, Manfred: »Baden-Württembergische Bankgeschichte«. Stuttgart, Berlin, Köln 1992.

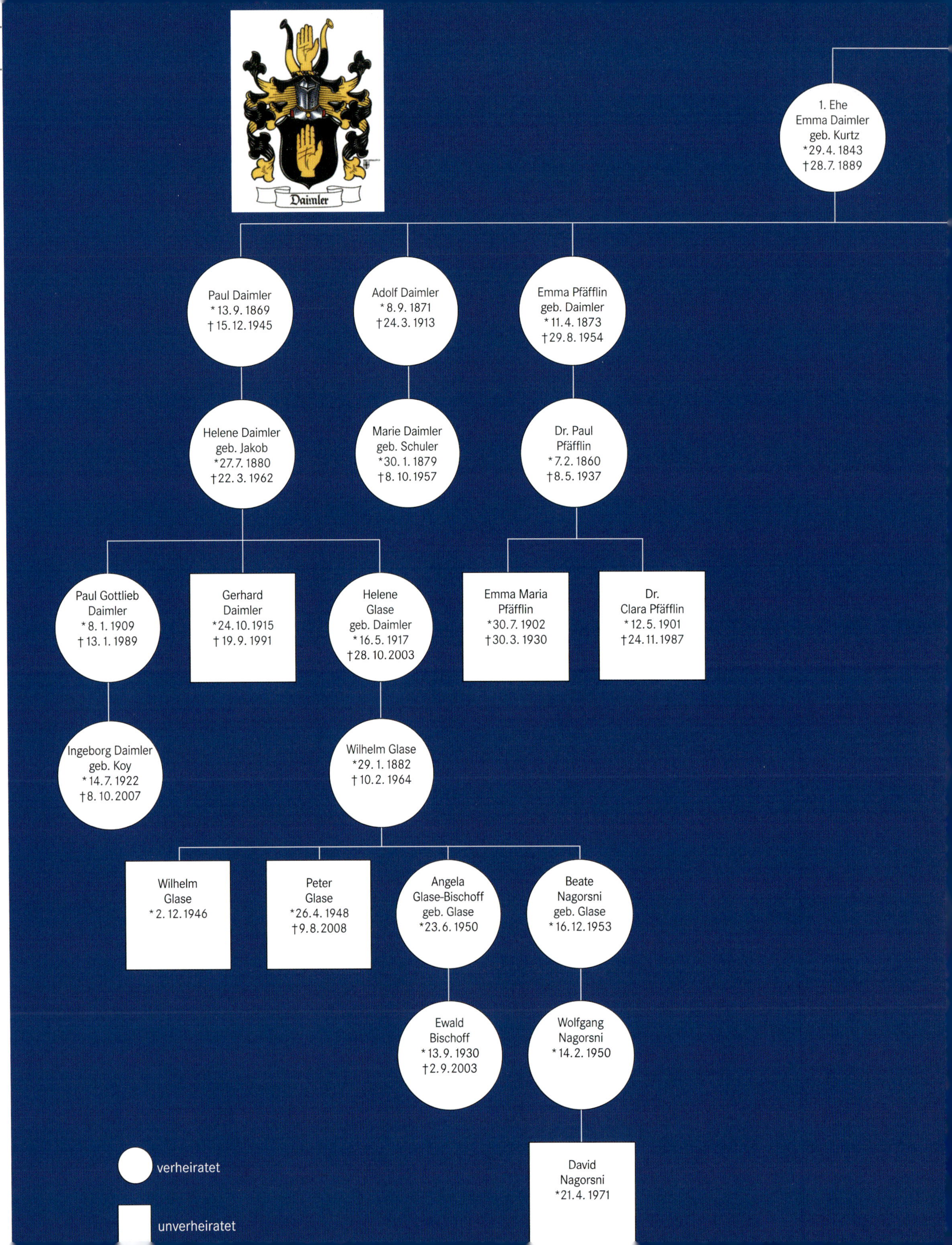
Daimler
1. Ehe
Emma Daimler
geb. Kurtz
*29.4.1843
†28.7.1889
Paul Daimler
*13.9.1869
†15.12.1945
Adolf Daimler
*8.9.1871
†24.3.1913
Emma Pfäfflin
geb. Daimler
*11.4.1873
†29.8.1954
Helene Daimler
geb. Jakob
*27.7.1880
†22.3.1962
Marie Daimler
geb. Schuler
*30.1.1879
†8.10.1957
Dr. Paul
Pfäfflin
*7.2.1860
†8.5.1937
Paul Gottlieb
Daimler
*8.1.1909
†13.1.1989
Gerhard
Daimler
*24.10.1915
†19.9.1991
Helene
Glase
geb. Daimler
*16.5.1917
†28.10.2003
Emma Maria
Pfäfflin
*30.7.1902
†30.3.1930
Dr.
Clara Pfäfflin
*12.5.1901
†24.11.1987
Ingeborg Daimler
geb. Koy
*14.7.1922
†8.10.2007
Wilhelm Glase
*29.1.1882
†10.2.1964
Wilhelm
Glase
*2.12.1946
Peter
Glase
*26.4.1948
†9.8.2008
Angela
Glase-Bischoff
geb. Glase
*23.6.1950
Beate
Nagorsni
geb. Glase
*16.12.1953
Ewald
Bischoff
*13.9.1930
†2.9.2003
Wolfgang
Nagorsni
*14.2.1950
David
Nagorsni
*21.4.1971
verheiratet
unverheiratet

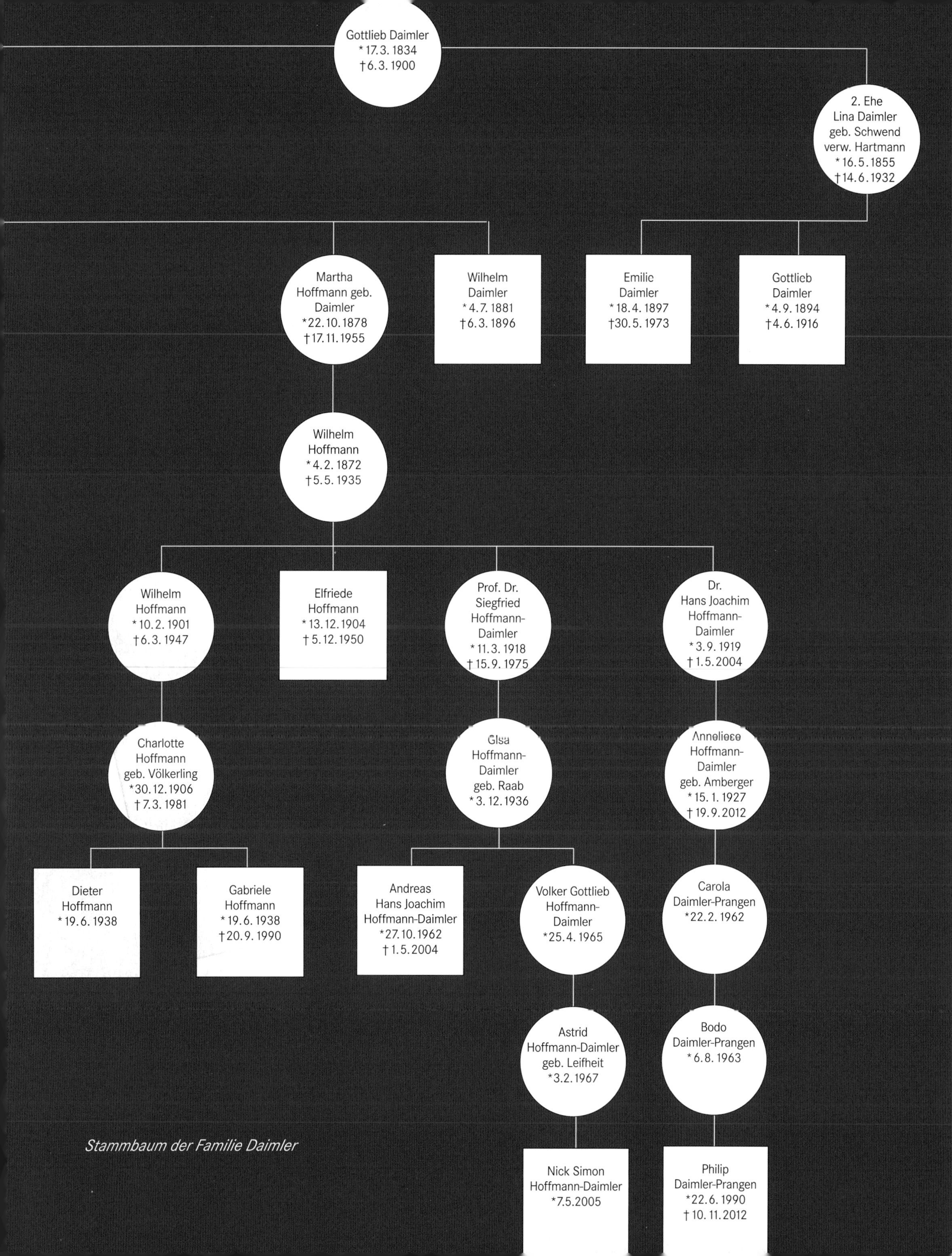

Stammbaum der Familie Daimler

1897–1905

PD-Wagen
von 1900.

Karriere in der Daimler-Moto… …ellschaft (DMG). …fang macht … Neustadt.

Werbeanzeige von Austro Daimler.

Werbeanzeige: »Der Elite Wagen ist Austro Daimler: feinstes Material, modernste Konstruktion, sorgfältigste Ausführung«. Erschienen in »AAZ«, Nr. 22, S. 46, 1912.

Werbeanzeige der Austro Daimler: Firmenbezeichnung und Kontakte. Mit Pkw- und Nfz-Motiv, 1921.

Seit 1897 war Paul Daimler im Cannstatter Konstruktionsbüro als technischer Zeichner tätig, und von Anfang an herrschten Spannungen zwischen ihm, der mit 28 Jahren bereits in die DMG eingetreten war, und Wilhelm Maybach. Infolgedessen richtete Vater Gottlieb Daimler für Paul 1899 ein eigenes Konstruktionsbüro ein, in dem dieser weitgehend unabhängig arbeiten konnte. Dort verfolgte er eine Idee seines Vaters, nämlich einen kleinen, leichten und kostengünstigen Wagen ähnlich dem Benz Velo für ein breites Publikum zu konstruieren. Das von Carl Benz in Mannheim gefertigte Benz Velo wog mit nur 280 kg extrem wenig, hatte einen Viertakt-Einzylinder-Motor mit 1.045 ccm Hubraum und 1,5 PS. Mit einem Preis von 2.000 Mark war es durchaus erschwinglich.

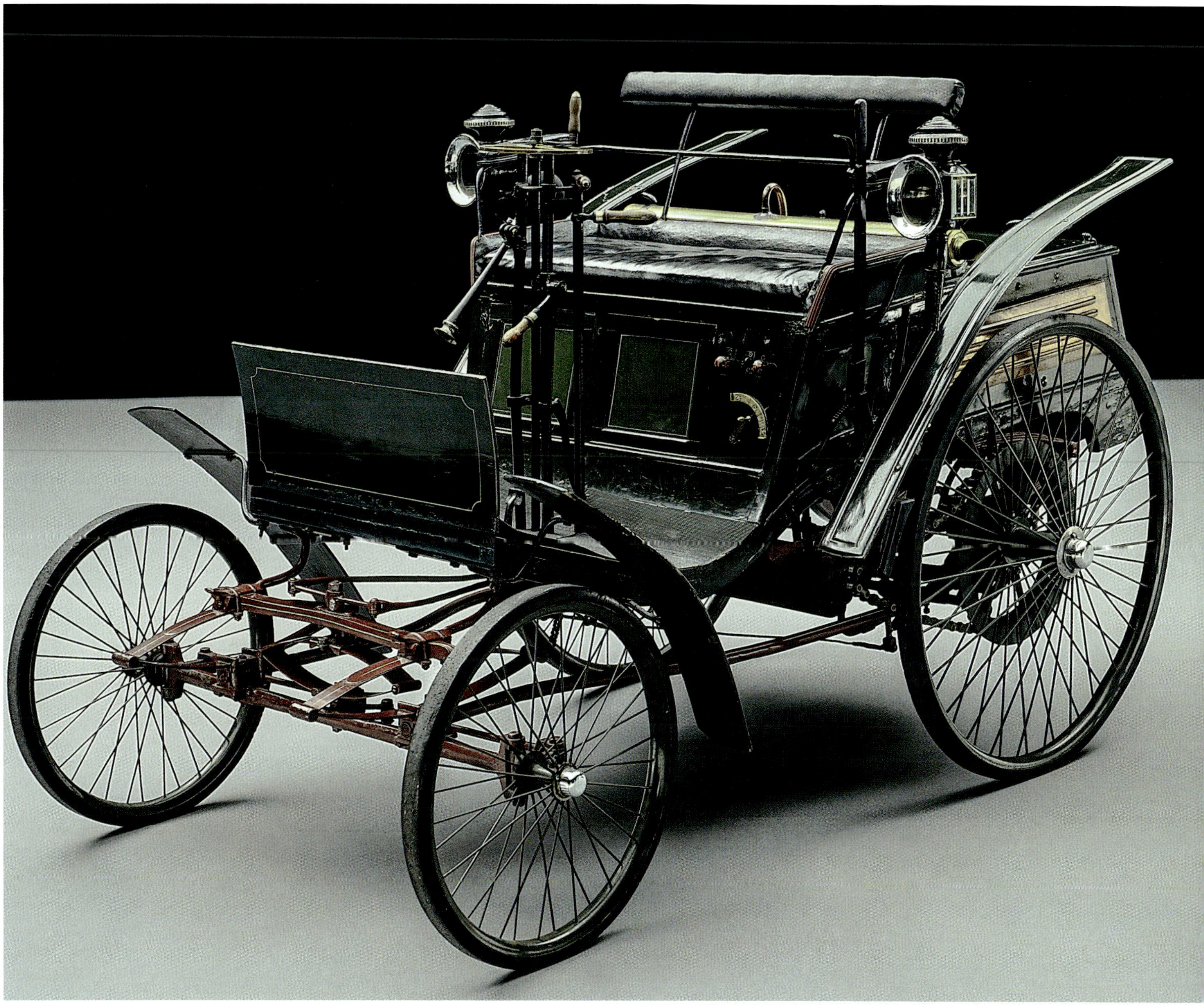

Das Benz Motor-Velociped war 1894 das erste Großserienautomobil der Welt und verfügte bereits über die von Carl Benz 1893 erfundene Achsschenkellenkung.

Bei Benz & Cie. waren zwischen 1894 und 1897 im Ganzen 381 Velozipeds gebaut worden, wovon 55 an deutsche Kunden gingen. Bis zum Ende des Produktionszeitraums 1902 wurden ca. 1.200 Exemplare dieses Typs gebaut; für damalige Verhältnisse eine recht große Stückzahl. Allerdings wurde das Benz Velo über die Jahre immer schwerer, denn manche Kunden orderten Zusatzausstattungen wie beispielsweise ein Halbverdeck mit Spritzleder. So stieg das Gewicht zum Teil bis auf 425 kg. Die Motorleistung wurde auf 4,5 PS erhöht.[16]
Ab etwa 1899 beschäftigte sich Paul Daimler mit der Konstruktion eines vergleichbaren Fahrzeugs, das werksintern die unterschiedlichsten Bezeichnungen erhielt wie »Pauline«, »PD-Wagen« oder »Paul-Daimler-Wagen«. Ende Oktober 1900 übergab er seine Konstruktionszeichnungen der Versuchswerkstatt. Es dauerte fast ein Jahr bis zur Fertigstellung des ersten Versuchswagens. Die Ausstattung: ein Zweizylinder-Reihenmotor mit automatischem Einlassventil und gesteuertem stehenden Auslassventil. Der Hubraum betrug 1.400 ccm, die Leistung von 8 PS wurde bei 850 U/min erzielt. Der erste Wagen war als Zweisitzer karossiert, ausgestattet mit geradestehender Lenksäule und einen innenliegenden Kettenantrieb, der über Zahnritzel auf Innenzahnkränze auf die Hinterräder wirkte. Zwei Monate später folgte das zweite Exemplar. Eine dritte Variante kam erst im April 1902 zur Fertigstellung. Diese war stark modifiziert und hatte eine Tonneau-Karosserie mit schräg stehender Lenksäule und einem konventionellen Kettenantrieb an die Hinterräder. Rückblickend berichtete der in PDs Konstruktionsbüro tätige Techniker Otto Stahl 1935 über die Besonderheiten der Konstruktion wie folgt:

[16] Vgl. Oswald, Werner: »Mercedes-Benz Personenwagen 1886–1986«. Stuttgart 1994, S. 28 ff.

PD-Wagen als Zweisitzer.

Stehender Motor des Paul-Daimler-Wagens, 4/8 PS.
Bauzeit: 1901.

Paul Daimler-Wagen, 4/8 PS.

Paul-Daimler-Wagen als Viersitzer.

Paul-Daimler-Wagen 4/8 PS mit Tonneau-Karosserie.

Daimler Phoenix-Renn

Daimler 23 PS 4 Zylin

Antrieb über Ketten beim Paul-Daimler-Wagen.

Gaspedal am Paul-Daimler-Wagen.

»Meine ersten Arbeiten betrafen die Detaillierung und zum Teil Konstruktion von Teilen für den damals eben in Konstruktion befindlichen Paul Daimler Wagen. Besonders die Lenkung machte mir als Neuling große Sorgen, da von Paul Daimler verlangt wurde, dass keine gekröpften Lenkstangen Verwendung finden sollten. Die Lösung ergab sich durch eine direkte Hebellenkung, bei welcher die Hauptlenkstange auf einem Doppelhebel wirkte, der in der Mitte der Vorderachse seinen Drehpunkt hatte und von hier aus vermittelst gerader Lenkstange zum rechten und linken Achsschenkel führte. Die Anordnung der Schaltung des Zahnradgetriebes geschah am Lenkstock (aus Mangalium) selbst, der senkrecht unter Verwendung eines Lenkhebels angeordnet war und später gegen ein Lenkrad vertauscht und der Lenkstock selbst schräg gestellt wurde. Auch die Betätigung des Gashebels wurde am Lenkstock angeordnet, so dass beide Hände reichlich beschäftigt waren. Die Betätigung der Kupplung und Vorgelegebremse geschah durch den rechten Fuß, durch Niederdrücken eines Fußpedals, das zuerst die Federband-Kupplung auslöst und bei weiterem Durchtreten dann die Vorgelegebremse betätigt. Der linke Fuß hatte also keine Funktion zu erfüllen. Es lag daher nahe, den Händen, die außer dem Lenken des Wagens, dem Schalten der Gänge auch noch

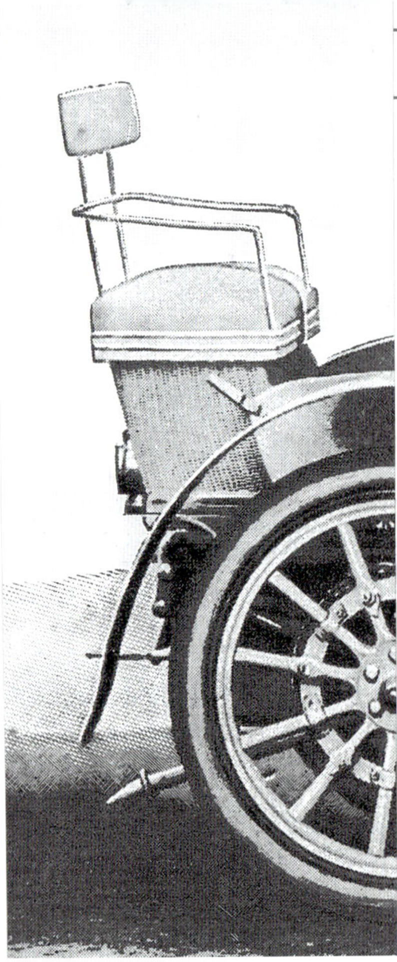

Daimler 12 PS Phoen
de Vehikel mit runde

einem Viergang-Zahn
Der Antrieb erfolgte d
Kupplung war konstr
ausgeführt. Die Feder
erfolgte über Blattfed
Fahrzeugs liefen noch
wurde fast ausschließ
Röhrchenkühler gest
tem, eine wichtige Vo
leistungsmotoren. Zu
6-PS-Version Persone
anderem der 7,5-PS-V
Zündung, der unter C
Alpenfahrt 1898 gew
exaltierter Kunde dur
gen den Automobilba
Emil Jellinek, kein Te
sularischen Diensten
nunmehr Privatier, d
Werkmeisters Wilhel
La Turbie im Jahr 190
der Fahrzeuge forder

Werbeanzeige der DMG-Zweigniederlassung Berlin-Marienfelde.

In Wiener Neustadt erwies sich PD auch als Pionier in Sachen Allradtechnologie, indem er die ersten allradgetriebenen Last- und Zugwagen konstruierte. Mit Ausnahme des Spyker 60 H.P., der zeitgleich ebenfalls 1903 entstand, aber ein Rennwagen war, sind dies die ersten Allradkonstruktionen mit Verbrennungsmotor.[38] Dazu vermerkt Daimler:
»Anbei übermittle ich Ihnen laut unserer telefonischen Absprache ein Diapositiv eines Photos von drei Vierrad-Antriebswagen verschiedener Art und Größe, wie ich solche in den Jahren 1903–1905 in Wiener-Neustadt gebaut habe: Ein schwerer und ein leichter Zugwagen, letzterer mit einem Gesamtgewicht von unter 6 t einschließlich Ausrüstung mit Rücksicht auf das Befahren seiner Zeit auf dieses Maximalgewicht beschränkten normalen Straßenbrücken z.B. in Bosnien, Galizien und Ungarn, sowie der zur Zeit üblichen Pontonbrücken; der dritte in der Größe und Stärke eines kräftigen Personenwagens mit zwei Maschinengewehren ausgerüstet und mit Modell-Panzerung versehen. Diese Wagen waren jeder mit einer entsprechenden Seilwinde ausgerüstet und mit Differenzial-Sperrung versehen.«[39]

[38] Ferdinand Porsche hatte mit dem Lohner-Porsche schon 1900 ein Elektroautomobil mit vier Radnabenmotoren präsentiert.
[39] Daimler Archiv, Bestand Paul Daimler, Brief von Paul Daimler an Dr. F. Hassler, VDJ, PD–A-016, Techn. Notizen, 1920–1940.

Gemeinsame Vorstellung der Schlepper und des Panzerwagens.

PD-Pa

1905–1918

Die DMG in Untertürkheim: Motoren zu Lande, zu Wasser und in der Luft.

Maybach-Konstruktion, ein Mercedes-120-PS-Rennwagen, 1906. Für diesen Wagen verwendete die Daimler-Motoren-Gesellschaft erstmals einen Sechszylinder-Motor.

Werbeanzeige für Mercedes; Daimler-Motoren-Gesellschaft.

Werbeanzeige mit einem Mercedes 14/30 PS, im Hintergrund die Stuttgarter Oper kurz vor der Eröffnung 1912.

Als Paul Daimler 1905 zurück nach Untertürkheim beordert wurde, brach das Spannungsfeld zwischen ihm und Wilhelm Maybach erneut auf. Der älteste Sohn Gottlieb Daimlers vertrat den Standpunkt, dass der Genius bezüglich der schnelllaufenden Verbrennungsmotoren dem Vater zuzuschreiben sei. Maybach hingegen galt ihm nicht mehr als ein getreuer Erfüllungsgehilfe. Näheres dazu findet sich bei Paul Siebertz[46]; seine Daimler-Biographie[47] (erschienen Ende der 1930er Jahre) entstand in engem Kontakt mit PD. Fast alle Erfindungen wurden dort Gottlieb Daimler zugeschrieben. Nachfolgende Autoren wie Sass[48], Schnauffer[49], Hanf[50] und Niemann[51] haben dem zu Recht widersprochen und die besonderen Verdienste Maybachs hervorgehoben. Dass dieser nach dem Tod Gottlieb Daimlers als umschwärmter Technik-Heros galt und die herausragenden Erfolge der Mercedes-Automobile einzig ihm zugeschrieben wurden, goutierten die Daimler Söhne wenig, insbesondere, da PD ja aktiv in die Konstruktionsarbeiten einbezogen war. Hinzu kamen die schlechten Erfahrungen in den Anfangsjahren, verbunden mit der anfänglichen Verhinderung seiner Kleinwagenkonstruktion durch Wilhelm Maybach, die Paul und in der Folge auch Adolf veranlassten, gegen Maybach Stellung zu beziehen.

Jellinek bemerkte in einem Brief, adressiert an den Vorstand der DMG: *»Maybach, gut dirigiert, ist das größte Glück für eine Automobilfabrik; Maybach angefeindet und sich selbst überlassen, ist ein Unglück.«*[52] Maybach hatte in den letzten Jahren einige zweifelhafte Konstruktionen in der Erprobung. Dazu gehörte neben einem Hybridmotor mit Benzin-/Dampfantrieb von 1904 auch ein Druckluft-Getriebe von 1906[53]. Ironischerweise aber sollte eine herausragende Konstruktion zum Stein des Anstoßes werden. Es handelte sich dabei um einen Sechszylinder-Rennwagen, der über alle Merkmale des modernen Motorenbaus verfügte: Obenliegende Nockenwelle, angetrieben von einer Königswelle, die Ventile hängend. Stahlzylinder, die einzeln, stehend auf ein Leichtmetallgehäuse montiert sind. Die stählernen Laufbuchsen wurden in ein Gussteil eingeschrumpft, das Zylinderkopf und Kühlwassermantel bildete. Der Motor war als Kurzhuber mit einem Hub-Bohrungs-Verhältnis von 120 x 140 mm ausgelegt. Der Hubraum betrug 11.080 ccm. Bei 1500 U/min leistete der Motor 120 PS. Die Zündanlage war eine Hochspannungskerzenzündung. Jeder Zylinder verfügte über zwei Zündkerzen. In der Retrospektive kommentiert Sass den Motor wie folgt:

»Die Konstruktion dieses Motors ist für viele der folgenden Motorserien, insbesondere für die Mercedes-Flugmotoren, vorbildlich geworden. Die Form des Verbrennungsraums hat man später durch Schrägstellung der Ein- und Auslassventile weiter verbessert. Die hohe Drehzahl – die höchste, die man bis dahin im Motorenbau erreicht hatte – war dadurch ermöglicht worden, dass Maybach alle bei der Steuerung der Ventile zu beschleunigenden Massen besonders klein gehalten hatte. Manche Gedanken, denen Maybach in diesem Motor Gestalt gegeben hat, sind bis auf den heutigen Tag für die Konstruktion von Hochleistungsmotoren Vorbild geblieben.«[54]

Wilhelm Maybach.

[46] Paul Siebertz (* 11.8.1877 Roisdorf b. Bonn, † 25.2.1954 Stuttgart) war ein promovierter Sozial- und Gesellschaftswissenschaftler. Beruflich war er als Redakteur und Chefredakteur bei verschiedenen Zeitungen sowie als geschäftsführender Verlagsdirektor tätig. Ende der 1930er Jahre wurde seine Gottlieb-Daimler-Biographie veröffentlicht. Ab 1946 baute er das historische Archiv der Daimler-Benz AG auf.

[47] Siebertz, Paul: »Gottlieb Daimler. Ein Revolutionär der Technik«. München 1940.

[48] Sass, Friedrich: »Geschichte des deutschen Verbrennungsmotorenbaus von 1860 bis 1918«. Berlin, Göttingen, Heidelberg 1962, S. 356.

[49] Vgl. Schnauffer, Kurt: »Die Motorenentwicklung in der Daimler-Motoren-Gesellschaft von 1895 bis zum Tode Daimlers, Teil I: Text«. Erstellt im Auftrag der Arbeitsgemeinschaft für die Geschichte des Deutschen Verbrennungsmotorenbaues, 1954/55, Archiv der MTU, Bestand »Wilhelm Maybach«.

[50] Vgl. Hanf, Reinhard: »Im Spannungsfeld zwischen Technik und Markt. Zielkonflikte bei der Daimler-Motoren-Gesellschaft im ersten Dezennium ihres Bestehens«. Wiesbaden 1980.

[51] Vgl. Niemann, Harry: »Wilhelm Maybach. Der Vater des Mercedes«. Stuttgart 2000.

[52] Zitiert nach: Sass, Friedrich: »Geschichte des deutschen Verbrennungsmotorenbaus von 1860 bis 1918«. Berlin, Göttingen, Heidelberg 1962, S. 356.

[53] Vgl. Niemann, Harry: »Wilhelm Maybach. Der Vater des Mercedes«. Stuttgart 2000, S. 155 f.

[54] Sass, Friedrich: »Geschichte des deutschen Verbrennungsmotorenbaus von 1860 bis 1918«. Berlin, Göttingen, Heidelberg 1962, S. 353.

Mercedes 22/35 PS, Landaulet, Bauzeit: 1909.

Mercedes-Wagen, 22/35 PS, Landaulet, Bauzeit: 1909.

Mercedes 45 PS, Phaeton, Bauzeit: 1905 bis 1909.

Dass PD zu dieser Zeit keine Neukonstruktionen wagte, war auch auf die schlechte konjunkturelle Lage des Unternehmens zurückzuführen. Die Umsätze waren bis ins Jahr 1908 deutlich zurückgegangen. Allerdings hinderte es ihn nicht, 1907 einen Allradwagen mit Allradlenkung zu konstruieren, der als »Kolonialwagen« in Deutsch-Südwestafrika zum Einsatz kam; er war vom Reichskolonialamt für die Polizeitruppen in Deutsch-Südwestafrika in Auftrag gegeben worden und diente 1908 dem Staatssekretär Bernhard Dernburg bei seiner Reise durch die Kolonie, weshalb er heute unter »Dernburg-Wagen« firmiert. Der 3,6 Tonnen schwere Geländewagen verfügte über einen 6,9-Liter-Motor, der 35 PS bei 800 U/min leistete, wobei er im letzten Gang eine Spitzengeschwindigkeit von 40 km/h erreichte. Die Vierradlenkung war erforderlich, da durch die staubsichere Einkapselung der Kegelräder der Lenkeinschlag auf 23° beschränkt war.[59]

[59] Vgl. Zeitschrift des Mitteleuropäischen Motorwagen-Vereins, 1908, Nr. 10, S. 216 ff.

Daimler-Kolonial-Wagen mit Vierradantrieb und Vierradlenkung (Dernburg-Wagen).

Als PD die Nachfolge von Maybach als Leiter des Konstruktionsbüros antrat, war dies für ihn ein weiterer Karrieresprung. Laut neuem Arbeitsvertrag vom 1. April 1907 erhielt er nun ein Jahresgehalt von 12.000 Mark und eine Extrazahlung von 8% aus dem Remunerationsfonds (entspricht der heutigen Gratifikation, eine über das Grundgehalt hinausgehende Belohnung), mindestens aber 5000 Mark. Es standen ihm zudem drei Wochen Jahresurlaub zu. Zum Vergleich: zur damaligen Zeit betrug der Tageslohn eines Arbeiters 3,50 Mark, bei der DMG waren es 1,15 Mark mehr. Der Brotpreis betrug 15 Pfennig, der Liter Milch kostete 20 Pfennig und das Pfund Schweinefleisch 80 Pfennig. Neben guter Bezahlung waren für die Arbeiter und Beamten der DMG weitere soziale Leistungen von Unternehmensseite vorgesehen: eine Werkszeitung, eine Werksbücherei, ein Brausebad, eine Arbeiterunterstützungs- und eine Beamten-Pensionskasse sowie zu guter Letzt so etwas Exotisches wie eine eigene Limonadenfabrik.[60]

[60] Vgl. Mercedes Benz AG (Hrsg.): »100 Jahre Daimler-Motoren-Gesellschaft 1890–1990«. Stuttgart 1990, S. 73 ff.

Chassis-Montage bei der Personenwagenfertigung etwa 1912.

Hinterachsenbau-Abteilung der Daimler-Motoren-Gesellschaft in Untertürkheim, um 1920.

Endmontagehalle der Daimler-Motoren-Gesellschaft in Untertürkheim im Jahre 1912.

Getriebebau bei der DMG.

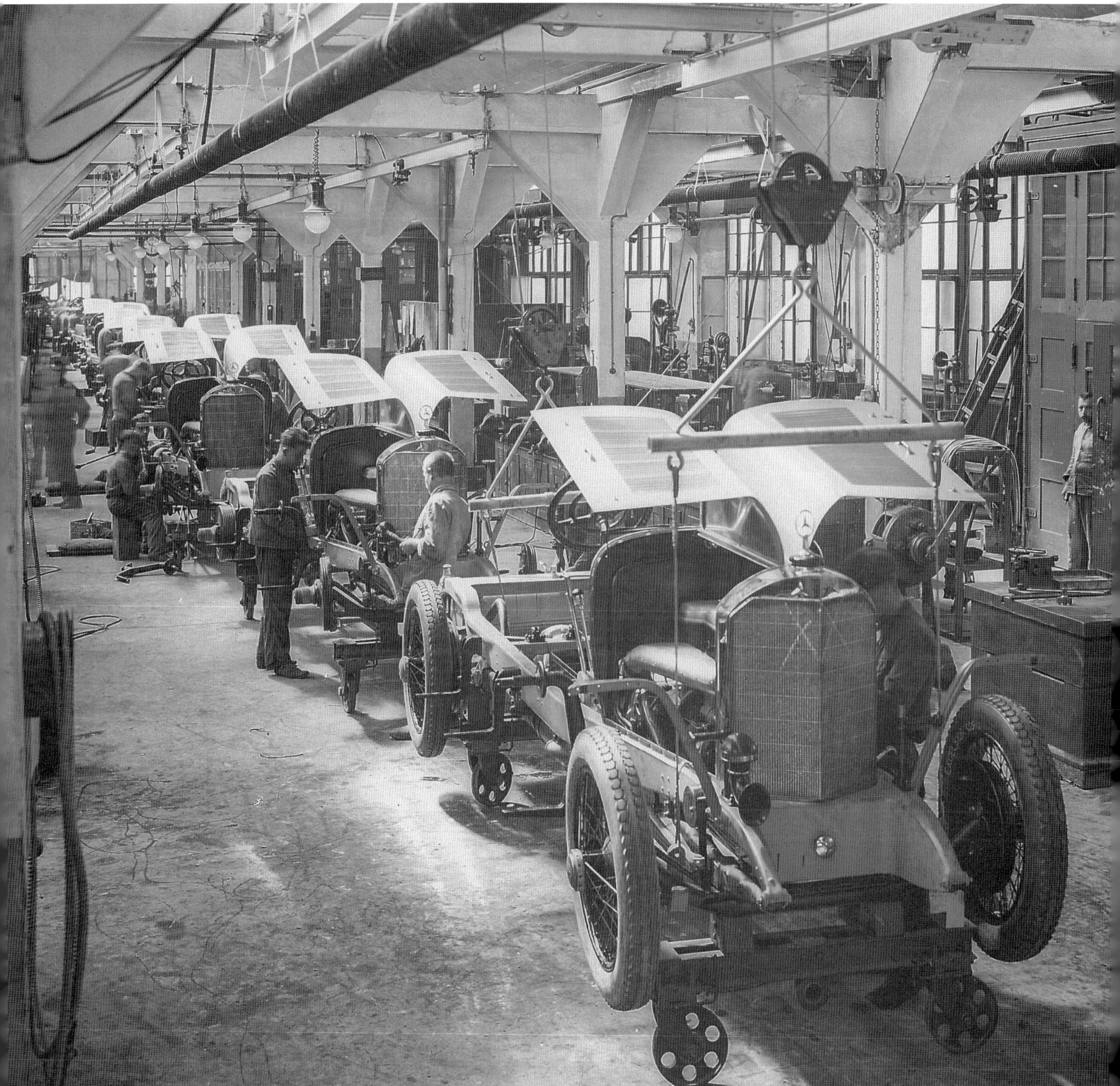

Mit der Chassis-Montage war das Rahmenfahrzeug fahrfertig, ohne Karosserie.

Aber nicht nur beruflich, auch privat entwickelte sich alles positiv. Am 18. Oktober 1907 heiratete er Helene Marie Karoline Jakob, 1880 in Stralsund geboren und mit ihrem Vater, Gotthilf Richard Jakob, Oberst a.D. in Stuttgart-Bad Cannstatt wohnend. Der Schwiegervater war zusammen mit dem Bruder Adolf Trauzeuge. Beide Daimler-Brüder wurden übrigens urkundlich als »Fabrik Direktoren« tituliert, was ihren Status innerhalb der DMG aufzeigte. Der Ehe entsprangen drei Kinder. Paul Gottlieb Daimler (geb. 1909), Gerhard (geb. 1915) und Tochter Helene, die 1917 zur Welt kam. Damit schien sich privat wie beruflich alles zum Besten hin zu entwickeln, auch wenn PD oft mit gesundheitlichen Problemen zu kämpfen hatte, z.B. 1908 mit einer Rippenfellentzündung.

Das Ehepaar Daimler, noch in der Stuttgarter Zeit.

Paul und Helene, wohl bei der Hochzeitsreise im Nordseebad Langeoog.

Familienausflug mit Chauffeur.

Die beiden Söhne Paul Gottlieb ...

... und Gerhard Daimler.

Der jüngere Bruder war ein begabter Netzwerker, der es in Automobil-, aber auch Aeroclubs als prominentes Mitglied geschickt verstand, Kontakte zu knüpfen, um auf diese Weise dem mehr technischen Fragestellungen zugewandten Paul den Rücken frei zu halten. Er war zudem in der »Organisation der Arbeitgeber« und zweiter Vorsitzender der Württembergischen Metallindustriellen. Ab dem Geschäftsjahr 1904/1905 war er dann zusammen mit Ernst Berge stellvertretender Vorstand der DMG, eine Position, die PD erst 1905/1906 erreichte. Ab dem Geschäftsjahr 1907/1908 sind beide Daimler-Brüder zusammen mit Ernst Berge, Baurat Friedrich Nallinger und Gustav Fischer im Vorstand der Gesellschaft.[61]

[61] Vgl. Daimler-Benz AG (Hrsg.): »Die Renngeschichte der Daimler-Benz Aktiengesellschaft und ihrer Ursprungsfirmen 1894–1939«. Stuttgart o.J., S. 433.

Adolf und Paul Daimler als Karikatur, wohl aus der AAZ.

Die beiden Söhne Paul Gottlieb und Gerhard mit Mutter und Schwester, die beide den Namen Helene trugen.

Zweite Herkomer-Konkurrenz 5.–13.6.1906: Fernfahrt Frankfurt/M.-München-Linz-Wien-Semmering Klagenfurt-Innsbruck-Zirlerberg-München-Forstenrieder Park. Direktor Adolf Daimler (Startnummer 20) am Steuer auf 70-PS-Mercedes.

Adolf Daimler am Volant mit Paul Daimler.

Vorstandssitzung der DMG. Von links: Ernst Berge, Paul Daimler, Gustav Fischer, Friedrich Nallinger und Adolf Daimler.

Villa von Paul Daimler in Cannstatt mit Zentralheizung und elektrischem Licht.

Beide Brüder waren – wie übrigens auch Stiefmutter Lina Daimler – Mitglied im Mitteleuropäischen Motorwagen Verein. Darüber hinaus gehörte PD dem Württembergischen Automobilclub an, ebenso wie Adolf, der überdies Mitglied im Kaiserlichen Automobilclub war. Wohnsitz der Brüder war Cannstatt, Paul wohnte in der Waiblinger Straße 87, Adolf in der Schillerstraße 54. PD bewohnte mit seiner Familie ein Einfamilienhaus mit neun großen und einem kleineren Zimmer sowie zwei Kammern, das auf einem 1700 qm großen, mit Obstbäumen bepflanzten Grundstück stand. Das Haus verfügte über eine Zentralheizung und elektrisches Licht.

Als Adolf krankheitsbedingt mit nur 42 Jahren starb, war dies für den Bruder eine menschliche wie auch berufliche Tragödie, wenn auch letztere erst auf längere Sicht. Die DM-Chronik von 1915 vermeldete:

Der Mercedes-Rennwagen von 1906. In diesem Wagen wurden zum ersten Mal bei der Daimler-Motoren-Gesellschaft Sechszylinder-Motoren verwendet.

»Am 24. März 1913 starb der Leiter der Betriebsleitung, Direktor Adolf Daimler, in der Klinik in Tübingen im 42. Lebensjahre. Sein Hinscheiden bedeutet für das Unternehmen einen schweren Verlust. Er war seit 1899 bei der Gesellschaft tätig und wurde 1900 Oberingenieur und Prokurist und einige Jahre später stellvertretendes Vorstandsmitglied. Seit 1907 bekleidete er die Stellung des Direktors der Betriebsabteilung und eines Mitgliedes des Vorstands. Die hervorragende Begabung für Technik, die seinem Vater Gottlieb Daimler eigen, vererbte sich auch auf seinen Sohn Adolf, und nach Absolvierung seiner Studien an der Technischen Hochschule in Stuttgart und in der Maschinenfabrik Esslingen konnte er in den Dienst der Gesellschaft treten. Die Organisation des Gesamtbetriebes, die ein sicheres ineinandergreifen der einzelnen Teile und deren vollkommenen Ausnutzung sicherte, war mit sein Werk. Im Dienste der Daimler-Motoren-Gesellschaft widmete er sich mit Fleiß und hervorragendem Wissen seinen Aufgaben, deren Bewältigung durch mehrfache Ordensauszeichnungen[62] auch äußere Anerkennung gefunden hat.«[63]

Beerdigt wurde Adolf Daimler am 24. März 1913 wie sein Vater auf dem Uff-Friedhof in Cannstatt.

Die Geschichte der DMG wäre eine andere geworden, hätte Adolf Daimler länger gelebt. Mit Sicherheit hätte auch PD das Unternehmen Anfang 1922 nicht verlassen. Ihm oblag nun die technische Direktion für die Werke Untertürkheim und Berlin-Marienfelde, dazu kam noch ab 1915 das Werk Sindelfingen.

Als Techniker richtete er sein Augenmerk auf die Entwicklung der Rennfahrzeuge, die bereits in der Frühzeit des Automobils ein mächtiges PR-Instrument waren. Dazu bemerkte er selber:

»So wichtig es auch ist, dass der Fahrer im normalen Verkehr vorsichtig und materialschonend fährt, so bedeutungsvoll und entscheidend ist es, dass in den Rennen das Material bis an und über die Grenze seiner Leistungsfähigkeit beansprucht wird. Denn nur dadurch erkennt man die Grenzen, nur nach solcher Erkenntnis kann man die schwachen Punkte der Konstruktion verstärken.«[64]

Statt der Gordon-Bennett-Rennen, die 1906 eingestellt wurden, gab es ab diesem Zeitpunkt den Großen Preis von Frankreich als motorsportlichen Nationenkampf. Der GP-Wagen von 1906 basierte weitestgehend auf einer Konstruktion aus dem Jahre 1905. Der Vierzylindermotor bestand aus zwei Zylinderpaaren des von PD konstruierten Sechszylinder-Rennmotors. Die Zylinderabmessungen von 175 x 150 mm ergaben den gewaltigen Hubraum von 14,4 l. Beim GP von Frankreich wurden drei dieser Wagen eingesetzt, von denen nur einer auf dem 10. Platz das Ziel erreichte; gefahren von dem französischen Rennfahrer Victor Hémery, der in diesem Jahr eigentlich schon bei Benz & Cie. unter Vertrag stand.[65]

[62] Es handelte sich dabei um das Ritterkreuz 1. Klasse des Württembergischen Friedenordens und den Preußischen Roten Adlerorden 4. Klasse.
[63] Festschrift zum 25-jährigen Bestehen: »DMG 1890–1915«, Stuttgart 1915, S. 130.
[64] Zitiert nach Mander, Helmut: »Automobilindustrie und Automobilrennsport. Die Funktion des Automobilrennsports für den technischen Fortschritt, für Ökonomie und Marketing von 1894 bis zur Gegenwart«. Frankfurt a.M. 1978, S. 75.
[65] Vgl. Lehbrink, Hartmut: »Das Mercedes-Benz Rennfahrerlexikon. Die schnellsten 240 Mitarbeiter von Mercedes-Benz«. Königswinter 2009, S. 21.

Ab 1910 wurde der Knight-Wagen in großen Stückzahlen produziert, zuerst als Typ 16/45, dann als 16/40 und 10/30 PS. 1916 kam dann noch der Typ 16/50 PS dazu. Das Prinzip der Schiebersteuerung, auf das im weiteren Verlauf noch näher eingegangen wird, war nicht unumstritten. Es gab Einwände in Bezug auf die Haltbarkeit des Motors und den Schmiermittelverbrauch. Am 7. Dezember 1909 hielt Ingenieur Anton Kienle im Clubheim des Bayrischen Automobilclubs einen Vortrag über den Knightmotor. Kienle betonte, dass ruhiger Lauf, Elastizität und gute Leistung bei dieser Motorbauart mit geringem Benzin- und Ölverbrauch einhergingen und dass nach einer Laufleistung von 50.000 km kein Verschleiß hätte festgestellt werden können. Zu einem Einreißen von

Schlitzen der Schieberhülsen sei es nie gekommen. Mit diesem heute exotisch anmutenden Bauprinzip erzielte die DMG auch Erfolge im Motorsport.

Neben dem Sieg von Knight-Wagen bei der Kaiser-Nikolaus-Tourenfahrt 1910 und dem ersten Preis in der Woche von Spa 1912 errang Léon Elskamp beim Grand Prix des Belgischen AC 1913 den dritten Platz nach der Formelwertung sowie die beste Gesamtzeit und die schnellste Runde. Im gleichen Jahr wurde der Belgier Theodor Pilette mit einem Grand Prix Typ 1908 mit 140 PS beim Großen Preis von Frankreich Dritter, noch vor Otto Salzer und Christian Lautenschlager, beide auf einem 90-PS-Mercedes mit dem Sechszylinder-Flugmotor DF 80. Otto Salzer fuhr dafür die schnellste Runde des Grand Prix.

Großer Preis von Frankreich bei Le Mans (Coupe de la Sarthe) am 4.–5.8.1913. Christian Lautenschlager (Startnummer 20) im 90-PS-Mercedes-Grand-Prix-Rennwagen. Motor: Sechszylinder-Flugmotor Typ DF 80. Lautenschlager belegte den sechsten Platz.

Großer Preis von Frankreich bei Lyon am 4.7.1914. Nur Fahrer (hier: Louis Wagner) und Beifahrer durften unter Aufsicht eines Beobachters Arbeiten am Fahrzeug ausführen. Wagner wird Dritter und sichert damit den Mercedes-Dreifacherfolg.

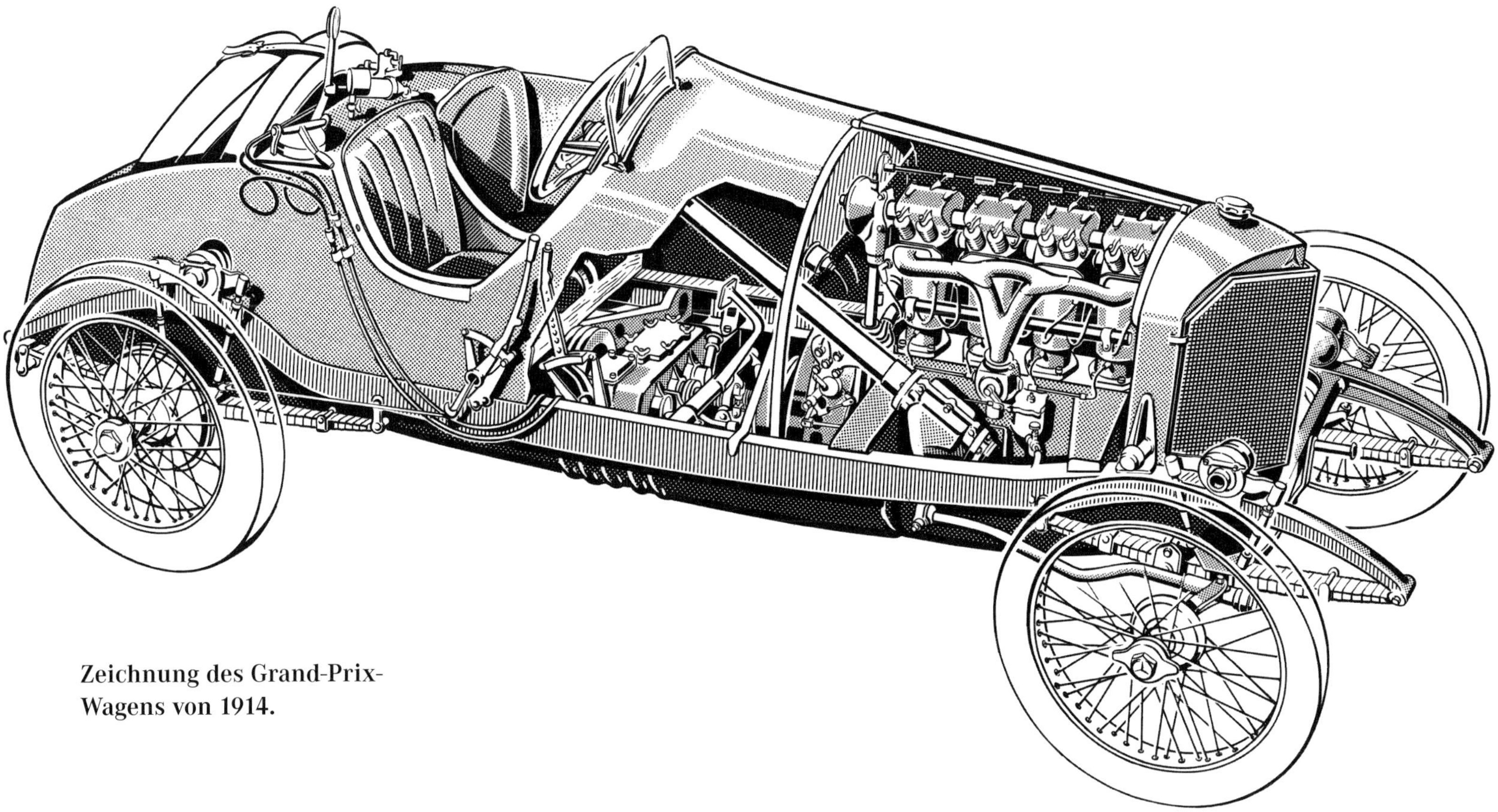

Zeichnung des Grand-Prix-Wagens von 1914.

Gerade im Hinblick auf die hohen Drehzahlen standen die Fahrer der Neukonstruktion mit gemischten Gefühlen gegenüber. Christian Lautenschlager beschrieb in der Allgemeinen Automobilzeitung (AAZ) von 1914 seine Eindrücke:

»Mit einigem Herzklopfen bestieg ich Ende April zum ersten Mal meinen Wagen, da unsere Konstrukteure noch nie einen so hochtourigen Motor gebaut hatten, und groß war meine Freude, als ich schon auf der Fabrikfahrbahn konstatieren konnte, dass in der Maschine etwas drinsteckte! Von Kleinigkeiten abgesehen verlief das Training sämtlicher Wagen außerordentlich zufriedenstellend, so dass wir alle vertrauensvoll in die Zukunft blicken konnten. Doch bald wurden mir meine Illusionen genommen, denn auf Umwegen hatte ich in Erfahrung gebracht, dass die Peugeot- und Delage-Wagen 170 bis 180 Kilometer in der Stunde zurücklegen sollten, während ich auf unseren württembergischen Straßen nur auf maximal 165 km kam. Erfahrungsgemäß wusste ich aber, dass auf den schönen französischen Straßen stets höhere Geschwindigkeiten erreicht werden als wie bei uns, weshalb ich mich entschloss, nach Frankreich zu fahren, um mir Gewissheit zu verschaffen. Und siehe da, die alte Erfahrung bestätigte sich wieder, denn ich konnte einwandfrei 180 km Geschwindigkeit auf der Ebene abstoppen. Diese Gewissheit machte mich schon wieder siegessicher und zufrieden, denn sollten tatsächlich noch andere Wagen höhere Geschwindigkeiten erzielen, so gingen diese doch nur auf Kosten der Pneumatiks. Als ich beim offiziellen Training auf der geraden Strecke im Gefälle auf 194 km/h kam, da war ich mit meinem Mercedes völlig zufrieden.«

Zu Recht, denn Lautenschlager erzielte beim Grand Prix von Frankreich einen durchschlagenden Erfolg. Max Sailer fiel dabei die undankbare Rolle zu, die Konkurrenz durch ein von Anfang an mörderisches Tempo zu Tode zu hetzen. Nach fünf Runden fiel Sailer mit gebrochenem Benzinbehälter aus, Lautenschlager übernahm die Spitze. Er wurde Erster und absolvierte die 752,6 km auf der Strecke bei Lyon in einer Zeit von etwas über sieben Stunden, was einer Durchschnittsgeschwindigkeit von 105,6 km/h entspricht. Auf den nächsten Plätzen folgten seine Markenkollegen Louis Wagner und Otto Salzer: ein Dreifacherfolg für die Daimler-Motoren-Gesellschaft.

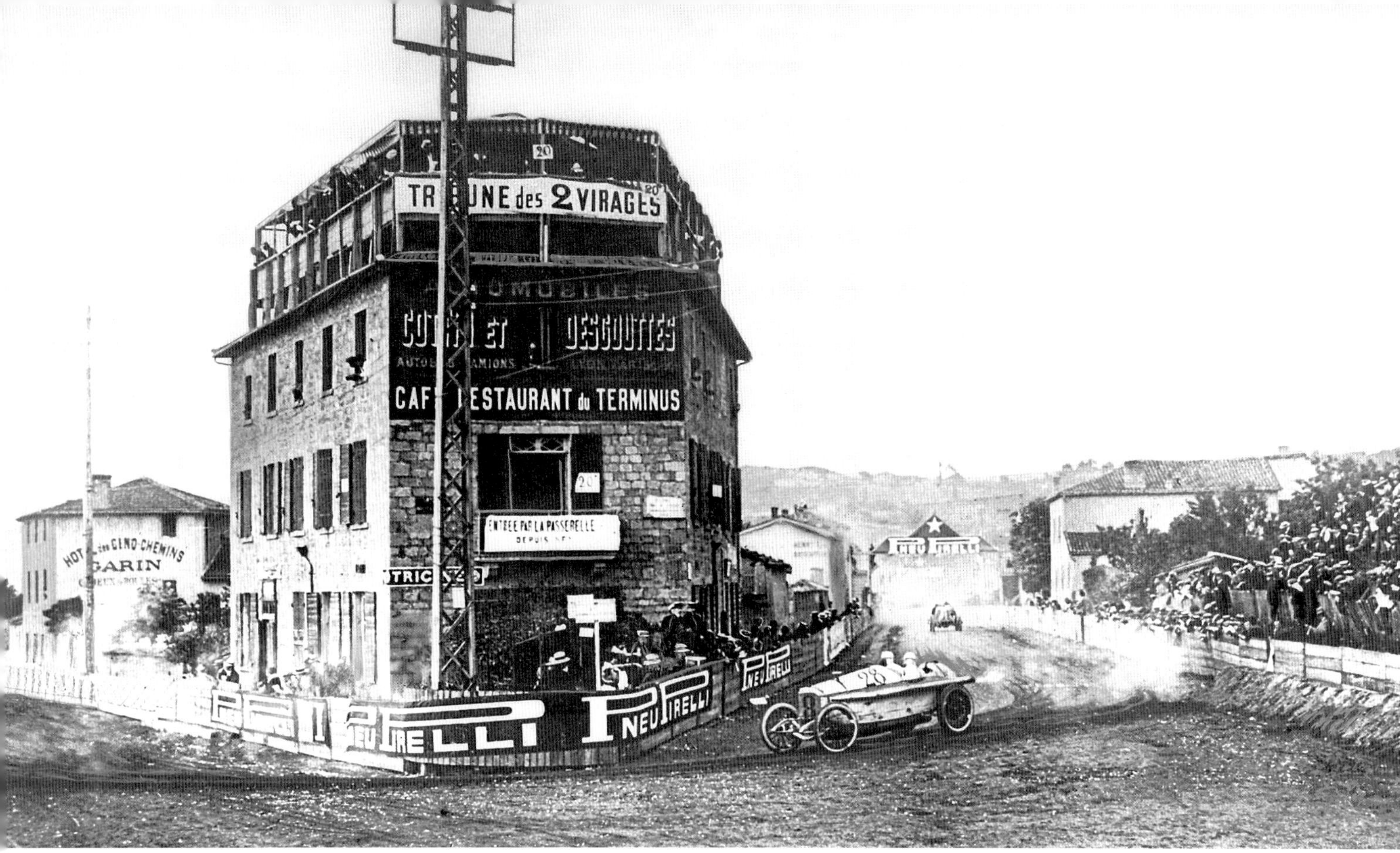

Das Mercedes-Team triumphierte über eine vermeintlich übermächtige Konkurrenz – vor allem Peugeot und Delage aus Frankreich, Sunbeam aus England und Fiat aus Italien.

Gruppenbild der Dreifachsieger, von links gesehen: Startnummer 28 Christian Lautenschlager (1. Platz), Startnummer 39 Otto Salzer (3. Platz), Startnummer 40 Louis Wagner (2. Platz).

Anlässlich dieses Ereignisses veranlasste die DMG auf der Stuttgarter Rollschuhbahn eine große Siegesfeier mit 4.000 Gästen. Paul Daimler hielt die Festrede, nicht ohne an die ersten Erfolge der Daimler-Motoren in Frankreich zu erinnern:

»Mit welcher Spannung wir den Verlauf des Rennens von hier aus verfolgt haben, können Sie sich wohl denken. Galt es doch, bei allen Erfolgen der Wagen, nicht zu vergessen der Gefahren für das Leben und die Gesundheit der Fahrer bei diesem waghalsigen Rennen und der so gefährlichen Strecke. Der Wagen hat es wohl mit Herrn Seiler sehr gut gemeint. Herr Seiler hat in fünf Runden gezeigt, welch einen brillanten Fahrer wir in ihm gefunden haben. Wer weiß, wie sich die Sache gewendet hätte, wenn er die Rennfahrt in dieser Weise noch weiter gesteigert hätte! Welchen Einfluss Herr Seiler durch die großartigen Runden auf den guten Ausgang des Rennens ausgeübt hat, ist nicht zu unterschätzen. Hat er doch dadurch die Gegner aus ihrer Reserve herausgelockt und zur Verausgabe ihrer Kraft gezwungen. Unser Meister Lautenschlager war ja der selbstverständliche Sieger, und ich beglückwünsche ihn zu seiner Entschlossenheit, mit der er, wie schon im Jahre 1908, so auch jetzt wieder, den ersten Platz errungen hat. Unser Meister Salzer hat sich mit ganz hervorragende Gleichmäßigkeit und Ausdauer, trotzdem ihm von außen her eine Reihe von Aufhaltungen zuteil geworden ist, auf den Platz hinaufgearbeitet, auf den wir nach den zu Tage getretenen Hindernissen nicht mehr zu hoffen gewagt haben. Ich spreche an dieser Stelle den Fahrern, den Begleitern und allen verborgenen Mitarbeitern, die zum Gelingen unseres beispiellosen Erfolges beigetragen haben, unseren und meinen herzlichen Dank aus. Die Fahrer, die Begleitung und alle treuen Mitarbeiter leben Hoch Hoch Hoch!«[67]

Dem Sieger wurde noch eine besondere Ehrung zuteil: Paul Gottlieb, mit fünf Jahren jüngster Daimler-Namensträger und Sohn von PD, setzte ihm einen goldenen Lorbeerkranz aufs Haupt.

Auch der Stuttgarter Bürgermeister Lautenschlager freute sich, seinem Namensvetter zum Sieg gratulieren zu können. *»Die zahlreichen Gäste blieben noch lange in fröhlichster Stimmung vereint«*, so vermeldete es zumindest der Chronist der Veranstaltung am Ende seines Berichts. Der vorläufige Höhepunkt der DMG-Rennerfolge war der Sieg von Ralph de Palma beim Rennen in Indianapolis 1915, dann erfolgte die kriegsbedingte Rennabstinenz bis zum Jahr 1921.

Nr. 28 Allgemeine Automobil-Zeitung Seite 79

Die Direktoren Berge und Daimler.

Wir haben an anderer Stelle darauf hingewiesen, welch gewaltiger Weg es ist vom ersten Strich im Konstruktionsbureau bis zu dem Augenblicke, da auf der Zeittafel der Sieger affichiert wird. Es wurde betont, daß die Mercedes-Werke in Untertürkheim keine Spezialfabrik für Rennwagen haben, daß diese vielmehr inmitten des ausgedehnten normalen Betriebes gebaut werden mußten. Man hat sich in Untertürkheim in außerordentlich gründlicher Weise auf den

Direktor Ernst Berge.
Vorsitzender des Direktoriums der Daimler-Motoren-Gesellschaft Untertürkheim und kommerzieller Leiter.

Kampf vorbereitet. Es wurden, wie Direktor Ernst Berge in seinem Interview bemerkte, fünf Wagen angemeldet und die tüchtigsten Fahrer ausgesucht. Jetzt, da die große Schlacht geschlagen und gewonnen ist, liegen auch die vielen feinen Fäden einer wohldurchdachten Taktik klar zutage. Ingenieur Sailer wurde als Pacemaker im Rennen vorangeschickt, er übernahm den Platz des ersten Mercedes-Fahrers, für den ursprünglich Wagner in Aussicht genommen war. Sailer fuhr die schnellste aller Runden des Rennens, er zwang damit alle anderen, ebenfalls ihr Bestes zu geben, auf die Gefahr hin, daß ihnen vorzeitig der Atem ausgeht.

Von dem Momente an, da man sich entschlossen hatte, den Kampf aufzunehmen, wurde neben dem technischen auch ein strategisches Moment planmäßig ausgearbeitet. Man hatte die hohe Bedeutung einer gewissenhaften Vorbereitung erkannt. Sehr richtig hat Mr. Coatelen, der Konstrukteur der in der Tourist Trophy siegreichen Sunbeam-Wagen, gesagt, daß eine Firma, die in einem großen internationalen Rennen eine Chance haben will, mindestens sechs Monate vorher mit dem Ausprobieren und Trainieren einsetzen muß. Das haben auch die Mercedes-Leute heuer beherzigt, sie haben in dieser Beziehung viel gelernt, denn nicht immer stand es mit der Vorbereitung so glänzend. Eine so große Sache wie die Teilnahme an dem wichtigsten Automobilrennen dieses Jahres muß ernst auf-

Direktor Paul Daimler.
Technischer Direktor der Daimler-Motoren-Gesellschaft Untertürkheim und Konstrukteur der Grand Prix-Wagen.

gefaßt werden, denn nur dann besteht Aussicht auf Erfolg.

Die gesamten Vorbereitungsarbeiten der Mercedes-Fabrik lagen in den Händen zweier Männer: des Herrn Direktors Ernst Berge, Vorsitzenden des Direktoriums der Daimler-Motoren-Gesellschaft in Untertürkheim, zugleich kommerzieller Leiter der Mercedes-Werke, und in jenen des Direktors Paul Daimler, dem der ganze technische Betrieb untersteht. Die Teilnahme an einem Grand Prix ist mit riesigen Auslagen verbunden. Da hieß es denn zuerst die Frage erledigen: Dürfen wir, ohne unseren normalen Betrieb empfindlich zu stören, an den Bau von Rennwagen schreiten? Die Frage wurde in bejahendem Sinne beantwortet, es wurde beschlossen, fünf Rennwagen zu bauen. Nun hatte aber noch der technische Leiter Direktor Paul Daimler sein Gutachten abzugeben. Sind wir imstande, Wagen zu bauen, die in einem solchen Rennen große Chancen auf Sieg haben? Denn, wenn die Marke

Interview von Ernst Berge und Paul Daimler in der Allgemeinen Automobilzeitung Nr. 28/1914.

Nicht zuletzt diesem Rennerfolg war es zu verdanken, dass Paul Daimler im Alter von 46 Jahren vom württembergischen König Wilhelm II. 1915 zum Königlichen Baurat ernannt wurde. Auch aus Österreich erfolgte eine Würdigung seines Schaffens und seiner Person 1916 mit der Verleihung des Komturkreuzes des Franz-Josef-Ordens. Gestiftet worden war jener Orden am 2. Dezember 1849 von Kaiser Franz Joseph I. in fünf Stufen für Verdienste in militärischen und zivilen Belangen. Das Komturkreuz war die dritte der fünf Ordensstufen. Ebenso erhielt PD 1916 das »Eiserne Kreuz am weiß-schwarzen Bande«, ein Orden, der Personen für kriegswichtige Leistungen zugesprochen wurde, die nicht im Zusammenhang mit aktiven Kampfhandlungen standen.

[67] Festschrift zum 25-jährigen Bestehen: »DMG 1890–1915«, Stuttgart 1915, S. 56 f.

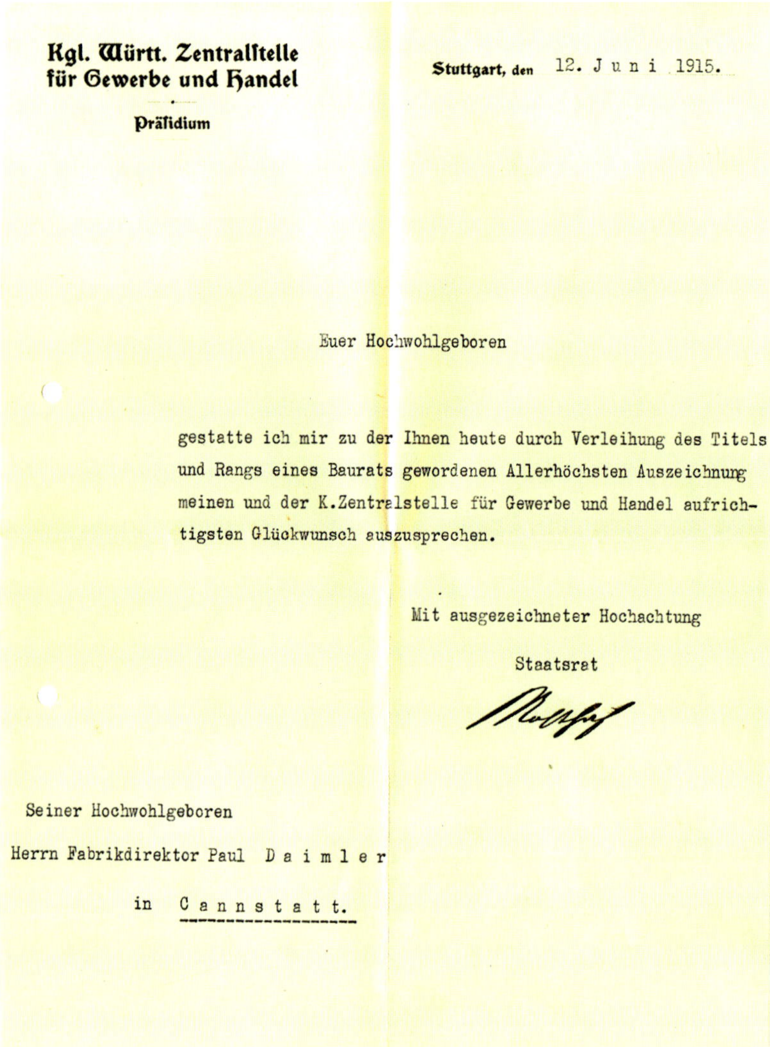

Kgl. Württ. Zentralstelle
für Gewerbe und Handel

Präsidium

Stuttgart, den 12. J u n i 1915.

Euer Hochwohlgeboren

gestatte ich mir zu der Ihnen heute durch Verleihung des Titels und Rangs eines Baurats gewordenen Allerhöchsten Auszeichnung meinen und der K. Zentralstelle für Gewerbe und Handel aufrichtigsten Glückwunsch auszusprechen.

Mit ausgezeichneter Hochachtung

Staatsrat

Seiner Hochwohlgeboren

Herrn Fabrikdirektor Paul D a i m l e r

in C a n n s t a t t.

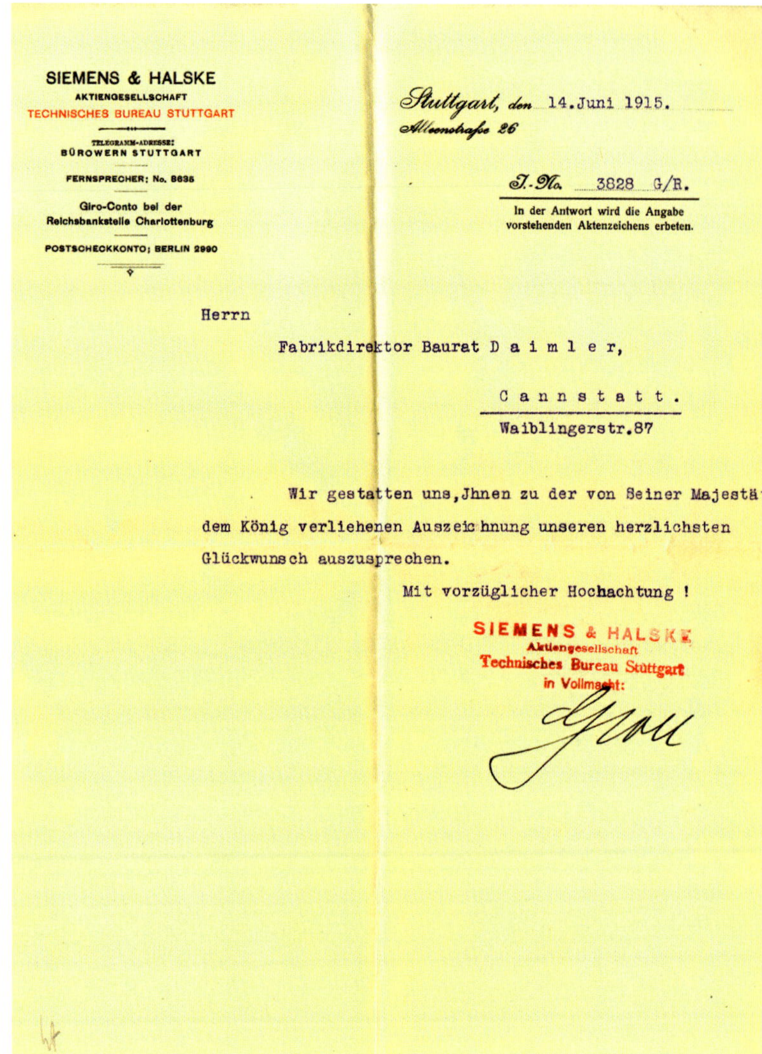

SIEMENS & HALSKE
AKTIENGESELLSCHAFT
TECHNISCHES BUREAU STUTTGART

TELEGRAMM-ADRESSE:
BÜROWERN STUTTGART

FERNSPRECHER: No. 8635

Giro-Conto bei der
Reichsbankstelle Charlottenburg

POSTSCHECKKONTO: BERLIN 2990

Stuttgart, den 14. Juni 1915.
Alleenstraße 26

J.-No. 3828 G/R.
In der Antwort wird die Angabe vorstehenden Aktenzeichens erbeten.

Herrn

Fabrikdirektor Baurat D a i m l e r,

C a n n s t a t t.

Waiblingerstr. 87

Wir gestatten uns, Jhnen zu der von Seiner Majestät dem König verliehenen Auszeichnung unseren herzlichsten Glückwunsch auszusprechen.

Mit vorzüglicher Hochachtung !

SIEMENS & HALSKE
Aktiengesellschaft
Technisches Bureau Stuttgart
in Vollmacht:

Glückwunschtelegramme zu Ernennung zum Baurat.

Doch auch bei der Serienmotorenkonstruktion war PD überaus erfolgreich. Nachdem er 1907 erstmals einen Simplex-Motor weiterentwickelte, waren es zwischen 1907 und 1914 im Ganzen 15 Motorenkonstruktionen, die er schuf. Darunter auch zwei Sechszylindermotoren mit 65 PS und 75 PS und, wie bereits erwähnt, mehrere Schiebermotoren, die auf das Patent des Amerikaners Charles Yale Knight zurückgingen, das die DMG 1910 erworben hatte.[68] Bei der Zylinderkopfkonstruktion bei den Ventilmotoren hielt PD noch lange am Hammerkopf fest. Schnauffer dazu: *»Trotzdem bereits bekannt war, dass diese Bauart mit ihrem Hammerkopf verbrennungstechnisch sehr ungünstig war, hatte er sie beibehalten. Die robuste Bauart und die Möglichkeit, die Ventile sehr rasch ausbauen und nachschleifen zu können, gaben dabei den Ausschlag.«*[69] Viele der Motoren hatten eine Abreißzündung, erst ab 1909 setzte sich die Hochspannungskerzenzündung bei allen Modellen durch. Der erste Serienmotor mit Hochspannungszündung war ein 20-PS-Vierzylinder; Hub-Bohrungs-Verhältnis von 80 x 130 mm. Seine Drehzahl war auf 1.600 U/min erhöht worden. Mit einer verkauften Stückzahl von 1.620 trug er wesentlich dazu bei, die schwierigen Jahre 1907/08 zu überstehen. 1910 folgte eine 30-PS-Variante, mit 1.250 Einheiten ebenfalls ein Verkaufserfolg.
Dass Vorstände damals noch technische Innovationen einbrachten, bewies 1909 Wilhelm Lorenz, der erkannt hatte, dass es für die Füllung des Motors nicht sinnvoll sei, dass

erst nach Schluss des Auslassventils das Einlassventil öffnet. Dies war die Erfindung der Ventilüberschneidung, bei der das Einlassventil vor dem Totpunkt geöffnet und das Auslassventil nach diesem geschlossen wird.[70] Nach diesem Prinzip arbeiten alle modernen Motoren. Unter dieser Vorgabe konstruierte PD den ersten Dreiventil-Motor der DMG mit hängenden Ventilen, zwei Auslass-, ein Einlassventil, die über eine gemeinsame Nockenwelle gesteuert wurden. Der so entstandene Vierzylinder-Motor mit den Zylinderabmessungen von 130 x 180 mm brachte 90 PS bei 1250 U/min. Damit blieb die Literleistung hinter den Erwartungen zurück, da sie exakt der der Hammerkopfmotoren entsprach. So wurden nur 200 dieser ersten, modernen Hochleistungsmotoren gebaut. Der Grund dürfte bei den niedrigen Drehzahlen gelegen haben, bei denen die Vorteile der Überschneidung noch nicht wirksam wurden. 1910 ging PD auf die damals übliche Bauart zurück und konstruierte einen Vierzylinder-Motor mit stehenden, an der Seite angeordneten Ventilen, die über nur eine Nockenwelle angetrieben wurden.

PD hatte sich schon früh mit der Konstruktion von Schiebermotoren beschäftigt. Das belegen seine Patente Nr. 222425 vom 28.11.1908 und Nr. 224926 vom 14.9.1909. Bei diesen Konstruktionen handelt es sich um Walzendrehschieber, die im Zylinderkopf verbaut sind und sowohl Einlass wie Auslass steuern. Man entschied sich jedoch nach eingehender Prüfung für den Hülsenschiebermotor Knights und erwarb die Lizenzen.[71] Nach dem Rückgang der Verkäufe 1908 erhoffte man sich durch dieses Konzept die Erschließung neuer Käuferschichten. Konstruktiv aber verlangte dieses Bauprinzip eine extrem hohe Fertigungsqualität.

[68] Eigentlich war Knight Journalist und Drucker, unter anderem arbeitete er für die »Minneapolis Tribune«. 1901 kaufte er sein erstes Auto, bei dem jedoch die Ventilsteuerung Probleme machte. Er erinnerte sich an die Hülsenschieberkonstruktion an der Dampfmaschine, die die Sägemühle im Betrieb seines Vaters antrieb. Er entwickelte daraufhin 1904 einen Motor, dessen konzentrische, mit Steuerschlitzen versehenen Hülsenschieber den Gasaustausch bewerkstelligten. Die Steuerung erfolgte über eine Exzenterwelle. Der erste Vierzylindermotor dieser Bauart mit 2.523 ccm wurde in einen Searchmont eingebaut und erprobt.

[69] Schnauffer, Kurt: »Die Motorenentwicklung in der Daimler-Motoren-Gesellschaft von 1907 bis 1914, Teil I: Text«. Erstellt im Auftrag der Arbeitsgemeinschaft für die Geschichte des Deutschen Verbrennungsmotorenbaues, 1954/55, Archiv der MTU, Bestand »Wilhelm Maybach«, S. 5.

[70] Ebenda, S. 7.

[71] Bei dem grundlegenden Patent von Knight vom 19.7.1908, das die Nr. 214089 erhielt, lautete der Hauptanspruch: »1. Steuerung für eine Viertaktverbrennungskraftmaschine, deren Kanäle durch die relative Bewegung teleskopisch ineinander geführter Teile geschlossen und geöffnet werden, dadurch gekennzeichnet, dass zwischen Zylinder (a) und Kolben (k) zwei zusammenwirkende Rohrschieber (h, k) liegen, die an dem der Verbrennungskammer zunächst liegendem Ende Ein- und Auslassschlitze (m, n, o, p) enthalten, welche durch zwangsläufige Bewegung der Rohrschieber (h, k) zur Deckung kommen, wodurch die Ladung sehr schnell eingelassen und die Auspuffprodukte sehr schnell aus dem Zylinder abgeführt werden.«

Teildemontierter Mercedes-Knight-Motor, 16/40 PS, Bauzeit: 1910 bis 1916.

Gottlieb Daimler markierte auf dieser Postkarte sein Haus in Deutz mit einem vielzackigen Stern. Der Text war an seine Frau gerichtet: »Von hier aus wird ein Stern aufgehen ...«.

Obwohl zu diesem Zeitpunkt schon 31 Firmen einen wie auch immer gestalteten Stern als Warenzeichen führten, entschloss sich die Daimler-Motoren-Gesellschaft, den Stern in zwei Ausführungen – als Drei- und Vierzack in Verbindung mit dem Namen »Mercedes« – eintragen zu lassen. In der Produkt-Kommunikation wurde der Stern wohl erstmals 1910 eingesetzt. Der Pkw-Katalog von 1910, im Wesentlichen auf der Ausgabe von 1909 basierend, zeigt – im Gegensatz zu letzterem – einen Dreizack-Stern auf dem Titelblatt. Im Katalog von 1912 wird der Stern dann konsequent eingesetzt. Die Fahrzeuge trugen nur den Dreizack-Stern, aber auch ein Vierzack-Stern wurde bei Daimler-Benz bis in die 1990er Jahre zum Markenschutz auf Kleinteilen verwendet, bevor er zum Markensymbol der im Daimler-Benz-Konzernverbund 1989 entstandenen Deutschen Aerospace AG (DASA) mutierte.

Der Stern, wie er als Markenzeichen bei der DMG verwendet wurde.

Doch zurück zu den Anfängen. Hatte man seit 1899 den Schriftzug »Daimler« und seit 1902 »Mercedes« geschützt, so wurden 1920 auch »Daimler-Mercedes« und »Mercedes-Daimler« angemeldet und 1923 eingetragen. 1916 hatte der bis dahin randlos auftretende Stern eine Änderung erfahren: in der Umrandung umkreisten sechs kleine Sterne den Zentralstern. Gleichzeitig mit diesem neuen Warenzeichen wurde auch eine Variante angemeldet, die den Schriftzug »Mercedes« im unteren Kreissegment trug. Das Flächensymbol mauserte sich erst langsam zum dreidimensionalen Artefakt. Als schmückendes Kühlersymbol wurde der Stern 1921 angemeldet und 1923 eingetragen. Nun endlich bot sich dem Mercedes-Lenker jene Perspektive, die sich bis heute erhalten hat. Der Dreizackstern im Ring als Kühlerfigur ist bei den Typen 16/45 PS, 10/40/65 PS und 28/95 PS für das zweite Halbjahr 1923 gesichert nachgewiesen. Einzelne Fotos, die auf das Jahr 1921 datiert sind, zeigen Fahrzeuge des Typs 16/45 PS und 28/95 PS mit dem Stern als Kühlerfigur.

Wie vielseitig das Konstruktionstalent von PD war zeigte sich an der Anzahl unterschiedlichster Konstruktionen wie Luftschiff-, Flugzeug- und Schiffsmotoren. Von Anfang an wurden bei der DMG-Motoren in Lenkballons und Luftschiffen eingebaut. Schon 1890 hatte die DMG den ersten Vierzylindermotor für einen Luftschiffantrieb präsentiert.[74]

Auch LZ 1, das erste Luftschiff des Grafen Zeppelin, war mit Daimler-Motoren ausgerüstet, ebenso wie das französische Lenkluftschiff »Lebaudy«, das mit einem 35-PS-Mercedes-Motor versehen war. Der Luftschiffmotor H4L basierte auf dem 90-PS Rennmotor von 1907 und fand Verwendung in dem Parseval-Luftschiff PL 1. 1907 dann konstruierte PD den Motor um. Er vergrößerte den Hub, der Motor hatte nun 14,5 l und eine Leistung von 137 PS bei einem Eigengewicht von 410 kg. Eingebaut war er in die Zeppelin-Luftschiffe LZ 4, Z II und Z I. Als im Jahr 1907 die Motorluftschiff-Studiengesellschaft einen Wettbewerb für Luftschiffmotoren ausschrieb, beteiligte sich die DMG mit einem 60- und einem 100-PS-Motor. Letzterer erhielt zusammen mit einem NAG-Motor 1908 die beste Bewertung, ein Erfolg, der auch im darauffolgenden Jahr erzielt werden konnte. Bei den Luftschiffmotoren von 1908/1909 wurde der Hubraum durch einen Hub von nunmehr 165 mm auf 16 l vergrößert. Dieser 120-PS-

[74] Vgl. Niemann, Harry: »Wilhelm Maybach. Der Vater des Mercedes«. Stuttgart 2000, S. 139 f.

Motor hatte neben der Abreißzündung parallel eine Kerzen-Magnetzündung erhalten und war verbaut in den Luftschiffen Zeppelin LZ 6 und dem Siemens-Schuckert-Luftschiff SS 1, das über vier dieser Motoren mit einer Gesamtleistung von 560 PS verfügte.
Ab etwa 1909 wurden kleinere Luftschiffe produziert. Für diese konstruierte PD einen 3,6-l-Motor mit der Typenbezeichnung B4L, der bei 1400 U/min 30 PS leistete. Konstruktiv ähnelte er den bisherigen Luftschiffmotoren mit stehenden Auslass- und hängenden Einlass-Ventilen, die über Kipphebel und Stoßstangen über eine einzige Nockenwelle gesteuert wurden. Luftschiffe, in denen dieser Motor verbaut wurde, waren das Parseval-Luftschiff PL 5 und das holländische Luftschiff »Duindigt«. Erst 1909 übertrug PD die Erkenntnisse moderner Brennraumgestaltung, wie man diese im Automobilbau gewonnen hatte, auf die Luftschiffmotoren. Er konstruierte nun einen Motor mit hängenden Einlass- und Auslass-Ventilen. Allerdings verzichtete er auf eine obenliegende Nockenwelle und wählte stattdessen eine im Kurbelgehäuse gelagerte Welle, die den Ventilantrieb über Stoßstangen und Kipphebel steuerte. Dieser 15-l-Motor mit der Bezeichnung J4L leistete 135 PS bei 1.400 U/min und wog nur 280 kg. Eingebaut wurde er in das Zeppelin-Luftschiff LZ 7.

Daimler-Luftschiffmotor J4L.

Luftschiffmotor Typ J4C, 1909.

Eine interessante Entwicklung war der Achtzylinder-Luftschiffmotor J8L mit 240 PS und einem Hubraum von 32 l, der im Schütte-Lanz-Luftschiff SL 1 verbaut war. Der letzte vor dem Ersten Weltkrieg entwickelte Luftschiffmotor war der L 1676, ein Sechszylinder-Motor, der sich mit über Königswelle angetriebener obenliegender Nockenwelle und Stahlzylindern mit aufgeschweißten Kühlwassermänteln konstruktiv stark an den Daimler-Flugmotoren orientierte. Auch dieser Motor kam in einem Schütte-Lanz-Luftschiff zum Einsatz.

Mit dem Zeppelin LZ 8 mit dem Namen »Deutschland II«, der neben den zwei Daimler-Motoren einen Sechszylinder-Maybach-Motor mit 180 PS hatte, begann das Ende für den Luftschiffmotorenbau bei der DMG, da der Maybach-Motorenbau als Teil des Zeppelin-Konzerns nun auf eigene Motoren zurückgreifen konnte.[75] Über den weitgehend durch die Arbeiten von PD geprägten Luftschiffmotorenbau schreibt Schnauffer:

[75] Vgl. Niemann, Harry: »Karl Maybach – seine Motoren und Automobile«. Stuttgart 2004, S. 55 ff.

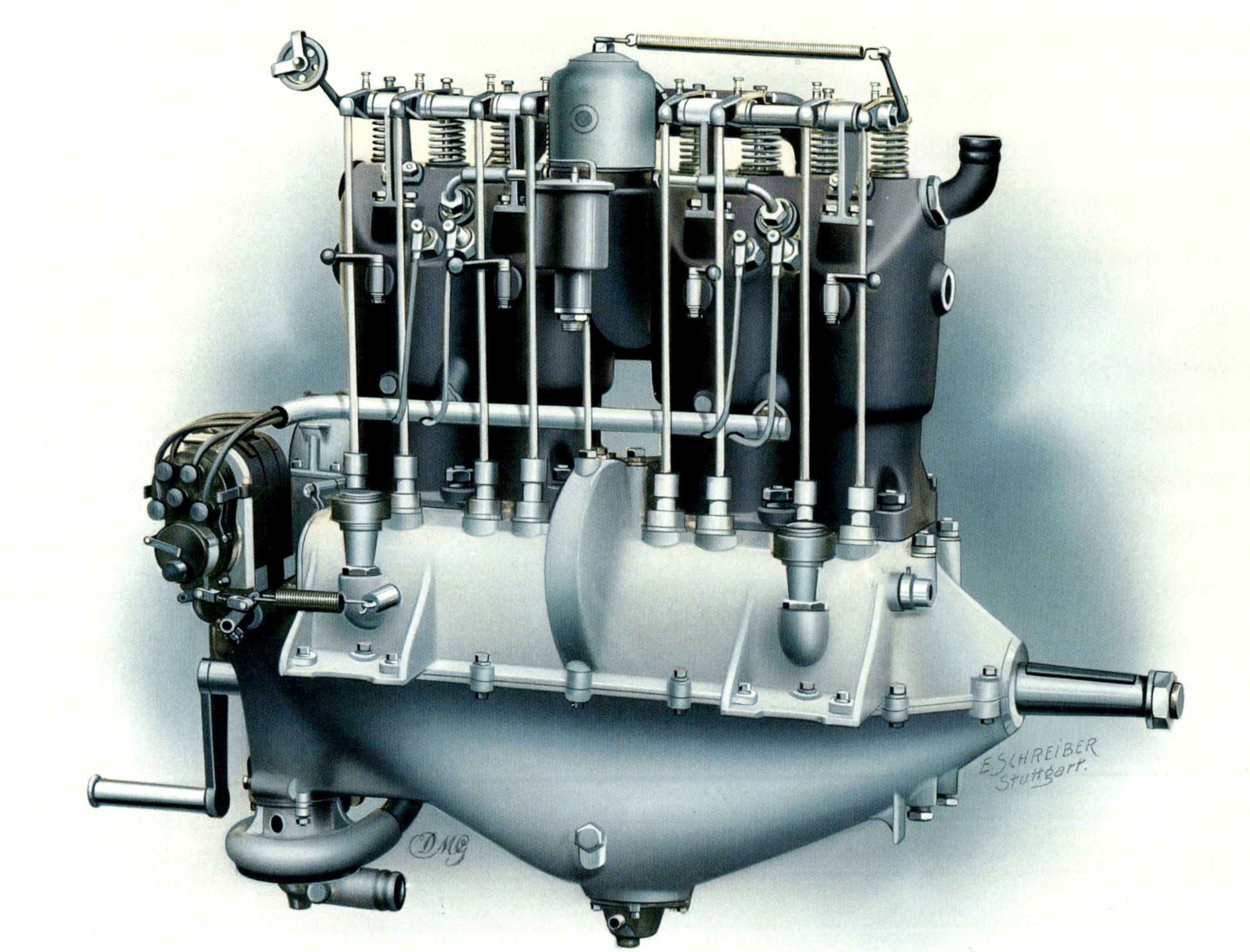

»Zusammenfassend ist zu sagen, dass zweifellos die Daimler'schen Luftschiffmotoren ganz wesentlich zur Entwicklung der Luftschifffahrt beigetragen haben. Besonders in der ersten Zeit des Luftschiffwesens standen überhaupt keine anderen brauchbaren Motoren zur Verfügung, die für solche Sonderzwecke hätten verwendet werden können. Es ist unbestritten ein großes Verdienst der DMG, sich unabhängig von ihren übrigen sehr ausgedehnten Arbeitsbereichen auch für diesen Teil des Motorenbaus eingesetzt zu haben ... Es ist daher zu bedauern, dass die Daimler-Motoren-Gesellschaft ab 1913 nicht mehr zum Bau von Luftschiffmotoren herangezogen wurde.«[76]

[76] Schnauffer, Kurt: »Die Motorenentwicklung in der Daimler-Motoren-Gesellschaft von 1907 bis 1914, Teil I: Text«. Erstellt im Auftrag der Arbeitsgemeinschaft für die Geschichte des Deutschen Verbrennungsmotorenbaues, 1954/55, Archiv der MTU, Bestand »Wilhelm Maybach«, S. 26.

Ein weiteres Kapitel im Schaffen von PD waren die Flugmotoren. Hierbei war Deutschland mit seiner Konzentration auf Luftschiffmotoren etwas in Rückstand geraten. Im Januar 1909 nahm die Versuchsabteilung der Verkehrstruppen den Bau von Flugzeugen in Angriff. Mehrere deutsche Firmen wurden kontaktiert; neben den Gebr. Körting, der NAG (Nationale-Automobil-Gesellschaft) und Petri & Buisson aus Stuttgart auch die DMG. Letztere setzte im ersten Anlauf auf einen modifizierten Luftschiffmotor, den B4F, der 30 PS leistete. Mit dem Daimler J4F, der ebenfalls zuerst als Luftschiffmotor zum Einsatz kam, hatte man einen Motor im Programm, der mit seinen 135 PS alle anderen Motoren leistungstechnisch bei Weitem übertraf. Der erste ausschließlich für den Einbau in Flugzeuge konstruierte Motor war ein Vierzylinder mit

Daimler-Flugmotor Typ E4F (F 1244), Baujahr 1910/12. Leistung über 60 PS. Helmuth Hirth gewann mit diesem Motor 1911 den »Kathreinerpreis«.

den Zylinderabmessungen 110 x 140 mm und 1.400 U/min bei 60 PS. Der Ventilantrieb erfolgte über Stößel und Kipphebel. Mit diesem Motor gelang es, die Vorherrschaft der französischen Hersteller zu beenden. Geliefert wurde er an die Inspektion des Militär-Luftfahrtwesen, an den Dorner-Flugzeugbau, an Gustav Otto, Otto Fiedler, Boris Loutzky, Otto Widmann, an Heinkel und Albatros. Zudem wurde er nach Russland, Japan und Italien exportiert.

Mit dem Flugmotor E4F von 1910 gelang PD eine äußerst formschöne und elegante Konstruktion, da er alle Antriebsräder für die Nebenantriebe in das Gehäuse integriert hatte und die Zündung vom hinteren Kurbelwellenende angetrieben wurde. Der 6,3-l-Motor leistete 70 PS bei 1.400 U/min und war mit 56 verkauften Exemplaren auch ein wirtschaftlicher Erfolg. Mit diesem Motor im Flugzeug gewann Helmuth Hirth am 29./30.6.1911 den Kathreiner-Preis mit seinem Flug von München nach Berlin. Dabei gelang es ihm mit seiner »Taube«, die Strecke in sechs Stunden reiner Flugzeit zu absolvieren; damit war Hirth schneller als das damals schnellste Verkehrsmittel, die Eisenbahn. Das Preisgeld der Kaffeefirma »Kathreiners« betrug 50.000 Mark.

Werbeanzeige der DMG für die Flugmotoren von 1913.

Verschiedene Varianten der Flugmotorenwerbung.

Ein wesentlicher Impuls für die Flugmotorenentwicklung ging vom erstmalig am 7.5.1912 veranstalteten »Wettbewerb um den Kaiserpreis« aus. Die Vorgaben für diesen Motorenwettbewerb waren mindestens 50 PS bei 1.450 U/min und maximal 115 PS bei 1.300 U/min, wobei das Einheitsgewicht 6 kg/PS nicht übersteigen durfte; das Kühlergewicht, das Gewicht des Kühlwassers, des Öls und des Kraftstoffes für sieben Betriebsstunden wurde hingegen dazugerechnet. Sieben Stunden mussten die Motoren kontinuierlich mit eigener Luftschraube laufen.

Mit welchem Engagement PD diese Aufgabe anging, zeigt sein Brief vom 15.12.1912 an Dr. Ing. Bendermann, dem ein ausführliches Exposé zu den Kaiserpreismotoren beilag und in dem er um deren Weiterleitung an das Preisgericht bat:

»Unsere Kaiserpreismotoren stellen sozusagen die historische Entwicklung unserer Flugzeugmotoren der letzten Jahre dar.

1.) Der 50 PS 4 cyl. entspricht unseren ersten Ausführungen wassergekühlter Flugzeugmotoren. Der Ölvorrat ist für mehrere Stunden im Motorgehäuse selbst untergebracht und nur für längeren Dauerbetrieb ist ein besonderes Ölreservoir nötig. Die Steuerwelle liegt seitlich der Kurbelwelle. Der Antrieb erfolgt durch offene Stirnräder von einem Ende der Kurbelwelle ausgehend.

2.) Der 70 PS 4 cyl. (stehend) ist unsere nächste Ausführung wassergekühlter Flugzeugmotoren. Der Antrieb der Steuerwelle erfolgt hier durch eingekapselt zwischen den Zylinderpaaren liegenden Stirnrädern derart, dass beide Enden des Motors frei für Antrieb der Nebenapparate und direkte Befestigung der Luftschraube werden.

3.) Der 100 PS 6 cyl. Motor (stehend) entspricht unserer neueren Ausführung und unterscheidet sich vom 70 PS im Wesentlichen durch die oben liegende Steuerwelle, welche mittels Kegelräder von einem Ende des Motors aus angetrieben wird. Es gestattet diese Anordnung eine wesentliche Steigerung der Tourenzahlen, ohne dass gleichzeitig die Ventilfederspannungen zu sehr gesteigert werden müssen, da die von den Federn zu bewegenden Massen wesentlich geringer sind, als bei ersterer Anordnung der Steuerung und gilt für diesen Motor das über Steigerungsfähigkeit der Tourenzahl Gesagte noch insofern in höherem Maße als der 6 cyl. wegen seines günstigeren Massenausgleiches dem 4 cyl. gegenüber noch wesentlich günstiger verhält. [sic.]

4.) Der 85 PS 4 cyl. zeigt in Bezug auf Anordnung der Steuerung dasselbe charakteristische Merkmal wie der 100 PS 6 cyl.

5.) Der 75 PS 6 cyl. zeigt gleichfalls (äußerlich betrachtet) denselben Charakter wie der 100 PS 6 cyl., jedoch mit dem wesentlichen Unterschied, dass die Zylinder ganz aus Stahl gefertigt sind. Hierdurch werden einige wesentliche, den Gusszylindern mehr oder weniger unvermeidlich anhaftenden Nachteile vermieden und wichtige Vorteile erreicht: Größtmögliche Sicherheit gegen Bruch und Rissbildung, desgleichen Gleichmäßigkeit der Wandstärken; dadurch möglichst gleiches Gewicht der einzelnen Zylinder bzw. Zylinderpaaren; infolge der hohen Festigkeit des Materials bei nicht verminderter Haltbarkeit geringste Wandstärken und als Folge hiervon bestmögliche Kühlung, sowie geringstes Eigengewicht und dadurch, dass die Zylinder ganz bearbeitet werden absolut gleich große Kompressionsräume. Hervorzuheben dürfte sein die paarweise angeordneten Zylinder zum Unterschied der sonst bei Stahlzylindern üblichen Anordnung von Einzelzylindern. Als konstruktives Merkmal darf wohl noch hervorgehoben werden, dass sich keine Schweißstelle an denjenigen Teilen des Zylinders befindet, die hohen und höchsten Verbrennungsdrücken ausgesetzt sind, sondern nur an denjenigen Stellen, die gegen das Kühlwasser abzudichten haben und auch keinen wesentlichen Drücken ausgesetzt sind. Die Anordnung der Verbindungsstellen z.B. Kanäle des Zylinders nach außen ist derart getroffen, dass weitaus der größte Teil des Zylinders gedreht werden kann und die Fräsarbeit auf ein Minimum beschränkt ist und bei entsprechender Einrichtung auch sehr vorteilhaft bewältigt werden kann.

6.) Der 70 PS 4 cyl. mit hängenden Zylindern und Luftschraube direkt auf der Kurbelwelle entspricht in der äußeren Anordnung dem 70 PS stehend mit dem Unterschied, dass die Schmierung entsprechend der Eigenart des Motors durch eine Verteilerölpumpe bewirkt wird. Der Hauptzweck, der durch diese Anordnung des Motors im Flugzeug erreicht wird, ist: Erzielung eines möglichst freien Gesichtsfeldes sowohl für den Flugzeugführer als auch den Beobachter, insbesondere bei Eindeckern, was aus naheliegenden Gründen von Bedeutung sein dürfte, gleichzeitig wird dadurch eine Tieferlegung des Schwerpunktes erreicht, die der Stabilität des Flugapparates in bewegter Luft zu Gute kommt.

Weitere günstige Folgen dieser Anordnung sind: Tieflage des Vergasers und dadurch erleichterte Benzinzufuhr eventuell mit natürlichem Druck, ebenso leichtere Zufuhr des Kühlwassers zu dem nunmehr tiefliegenden Zylinder, insbesondere auch bei seitlich des Flugzeuges angeordneten Kühlapparaten weitgehendste Sicherheit der Kühlung von Ventilen und Zylindern gewährleistet, durch die Tieflage dieser Teile gegenüber dem Kühlapparat, selbst wenn dieser durch undicht werden etwas Kühlwasser verlieren sollte; erleichterte Schmierung der Kolben und ist selbst bei reichlicher Schmierung der letzteren trotzdem ein Verölen der Kerzen weniger zu befürchten, als bei stehenden Zylindern, da eventuell hinter den Kolben sich ansammelndes Öl durch die am tiefsten Punkt des Zylinderinnenraums liegenden Ventile sofort ausgestoßen wird.

7.) Der 70 PS 4 cyl. Motor mit hängenden Zylindern und Schraube auf der Vorgelegewelle hat zunächst dieselben Vorteile, wie der 70 PS Motor unter 6.); der Schwerpunkt liegt zur Propellerachse noch etwas tiefer; das Charakteristikum dieser Anordnung ist jedoch hauptsächlich die Übersetzung zwischen Motorkurbelwelle und Schraubenwelle. Diese gestattet unter größtmöglicher Steigerung der Motortourenzahl die Tourenzahl der Luftschraube noch innerhalb solcher Grenzen zu halten, dass deren Effekt ein möglichst günstiger ist. Dass hierzu gerade die 70 PS 4 cyl. Type gewählt wurde, hierfür waren nicht konstruktive, sondern fabrikationstechnische Gründe maßgebend und bedarf es an dieser Stelle wohl nur der Andeutung, dass am besten derjenige Motor sich hierfür eigenen würde, der möglichst hohe Tourenzahlen zulässt. Dies ist gegenüber dem 4 cyl. der 6 cyl. und würde letztere Type somit bei möglichst hoher Tourenzahl unter Voraussetzung gleichzeitig noch zunehmender Leistung diesen Zweck am ehesten erfüllen. Zugleich würde eine eventuelle zu befürchtende Bruchgefahr für die Übertragungszahnräder wesentlich herabgemindert und der Effekt der Übertragung gesteigert.

Es dürfte sich somit hauptsächlich unter den Gesichtspunkten der Anwendung einer Übersetzung zwischen Motorwelle und Schraube eine Erprobung der Motoren bei gesteigerter Tourenzahl über die angenommene Grenze hinaus noch empfehlen, wofür wir insbesondere unsere 6 cyl. Type gerne zur Verfügung stellen.«[77]

Die Bemühungen von PD hinter den Kulissen waren allerdings nur teilweise von Erfolg gekrönt. Als am 27.1.1913 die Preisträger bekannt gegeben wurden, kam zwar ein Daimler-Sechszylinder-Reihenmotor des Typs Dd6F, der extra für diesen Wettbewerb entwickelt worden war, auf den zweiten Platz (noch vor einem NAG-Motor und einem weiteren Daimler-Motor des Typs E4, einem Vierzylinder-Reihenmotor mit hängenden Zylindern), den Sieg aber errang ein Vierzylinder-Reihenmotor von Benz & Cie., weil bei diesem Leistungsgewicht und Verbrauch am niedrigsten waren. In der Folge verhinderte der Erste Weltkrieg einen weiteren Kaiserpreis, dessen Verleihung für 1914 geplant war.

Mit einem 110-PS-Motor entsprach PD dem Wunsch der Flugzeugbauer nach mehr Leistung. Der Motor mit der Typenbezeichnung »DI« hatte dank größerer Bohrung einen Hubraum von 9,5 l. Konstruktiv entsprach der Motor dem Dd6F bis auf die Tatsache, dass die Graugusskolben einen Stahlboden erhielten. Der DI ging bei vielen Flugveranstaltungen als Sieger hervor, stellte einige Weltrekorde auf und machte damit auch den Namen »Mercedes«, unter dem er firmierte, weltberühmt. Bis zum Krieg verkaufte die DMG 575 Exemplare dieses Motors, im Krieg waren es dann noch einmal 1.721 Stück, also

[77] Brief von Paul Daimler an Dr. Ing. Bendermann vom 15.12.1912. PD-A-005 DMG Briese. P.D. 1899–1922, Privatarchivbestand Schildbach.

Der Mercedes-Flugmotor E4uF ist ein 6,3-l-Vierzylindermotor mit 71 PS / 53 kW in hängender Anordnung. Der obenliegende Propellerantrieb hat eine hohle Antriebswelle mit Durchschussmöglichkeit. Der Motor E4uF belegte 1913 beim Kaiserpreis-Wettbewerb den vierten Platz.

ein ausgesprochener Erfolg. Für den zweiten Kaiserpreis-Wettbewerb hatte PD zwei weiterentwickelte Sechszylinder präsentiert. Den DII mit 120 PS und den DIII mit 160 PS. Letzterer galt als der betriebssicherste Motor im Ersten Weltkrieg, von ihm wurden 12.160 Stück gebaut. Um dem Wunsch nach mehr Leistung zu entsprechen, baute PD 1915 den ersten Achtzylinder-V-Motor der DMG, betrieben mit Benzol. Dieser Motor mit der internen Typenbezeichnung FV 10678 hatte eine effektive Leistung von 240 PS und war der erste deutsche Flugmotor, der mit einem Untersetzungsgetriebe für die Luftschraube ausgestattet war, was eine deutliche Verbesserung des Luftschrauben-Wirkungsgrads erbrachte. Ab 1916 wurde er in unterschiedlichen Flugzeugtypen verbaut und erwies sich als sehr betriebssicher. Da bei diesem Motor das Leistungsgewicht von 1,8 kg/PS nicht optimal war, konstruierte PD Ende 1915 einen 22 l umfassenden Sechszylinder-Motor mit der Typenbezeichnung DIVa, der bei 1.500 U/min 275 PS leistete. Der Vierventil-Motor mit zwei Einlass- und zwei Auslassventilen verfügte über eine obenliegende Nockenwelle, die von einer erstmalig voll gekapselten Königswelle angetrieben wurde. Die Serienfertigung dieses Motors begann im Juni 1916; bis Kriegsende wurden 4.555 Stück ausgeliefert.

Mercedes Sechszylinder-Flugmotor DIII mit 160 PS/117,6 kW, 1914.

Daimler Flugmotor DIIIa, 6 Zyl., 150/170 PS, ca. 1917. Diesen Motor flog Freiherr Manfred von Richthofen.

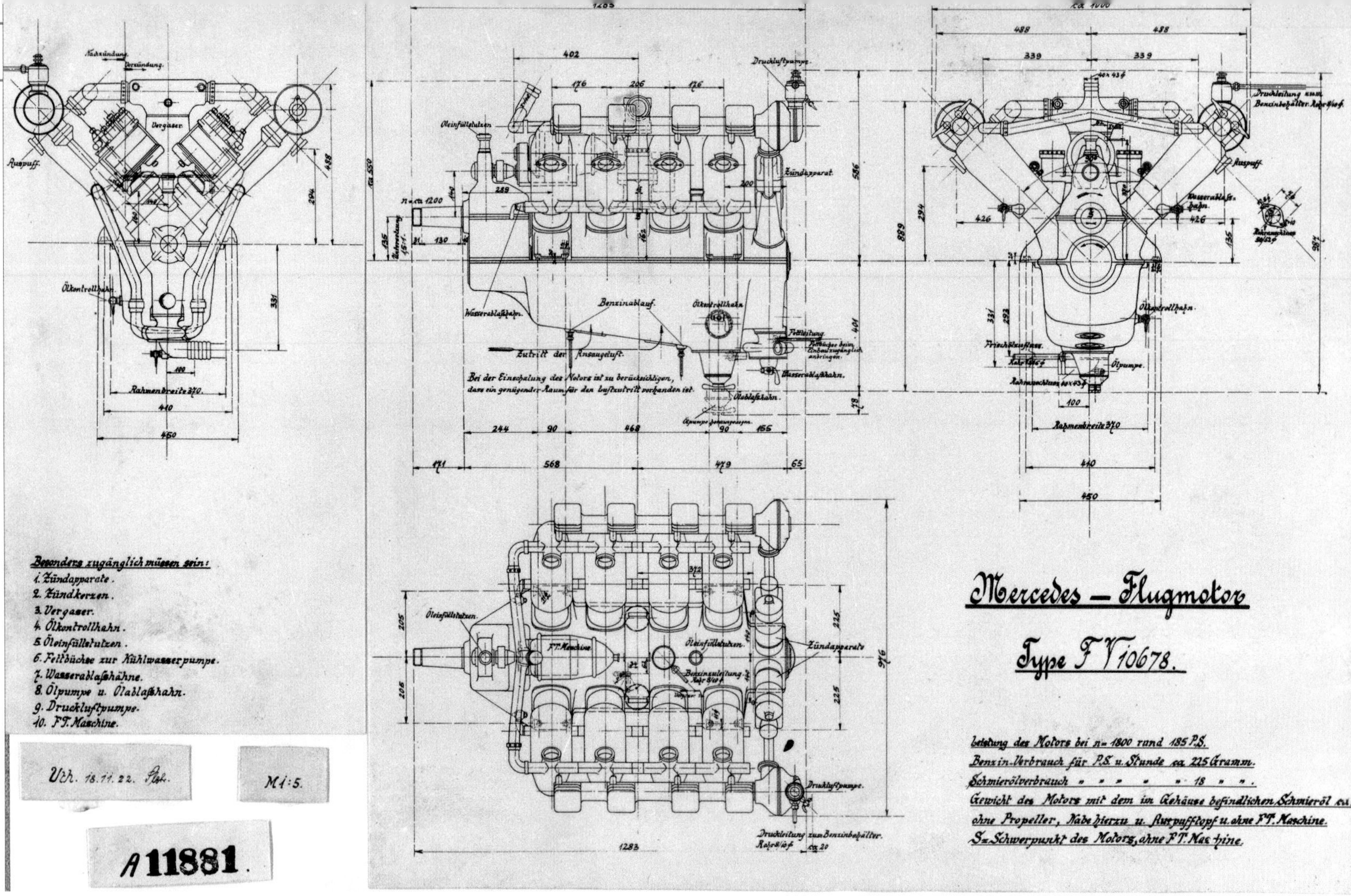

Erster Achtzylinder-Flugmotor Typ FV 10678.

Ausbildung von Mechanikern für die Flugmotorenwartung in Untertürkheim.

Darüber hinaus hatte PD im Vorfeld auch schon mit Umlaufmotoren experimentiert. Angeregt durch die französischen »Le Rhône Motors«-Umlaufmotoren fertigte die DMG schon 1914 einen Nachbau und in der Folge dann einen Neunzylinder-Sternmotor als Eigenkonstruktion mit 125 PS, eigentlich für den Kaiserpreis 1914 gedacht. Von jedem der beiden Motoren wurden allerdings nur fünf Stück hergestellt. Weitere Entwicklungen waren ein 18-Zylinder-Motor mit drei Sechszylinder-Reihen in W-Form, der 520 PS bei 1440 U/min leistete, und ein großvolumiger Sechszylinder-Motor mit sage und schreibe 65 l Hubraum und einer Leistung von 600 PS. Dieses Motorenmonstrum verfügte über je zwei Einlass- und zwei Auslassventile, die über eine obenliegende Nockenwelle gesteuert wurden. Ende 1918 wurden je zwei dieser Motoren sogar in einen Großkampfwagen eingebaut.

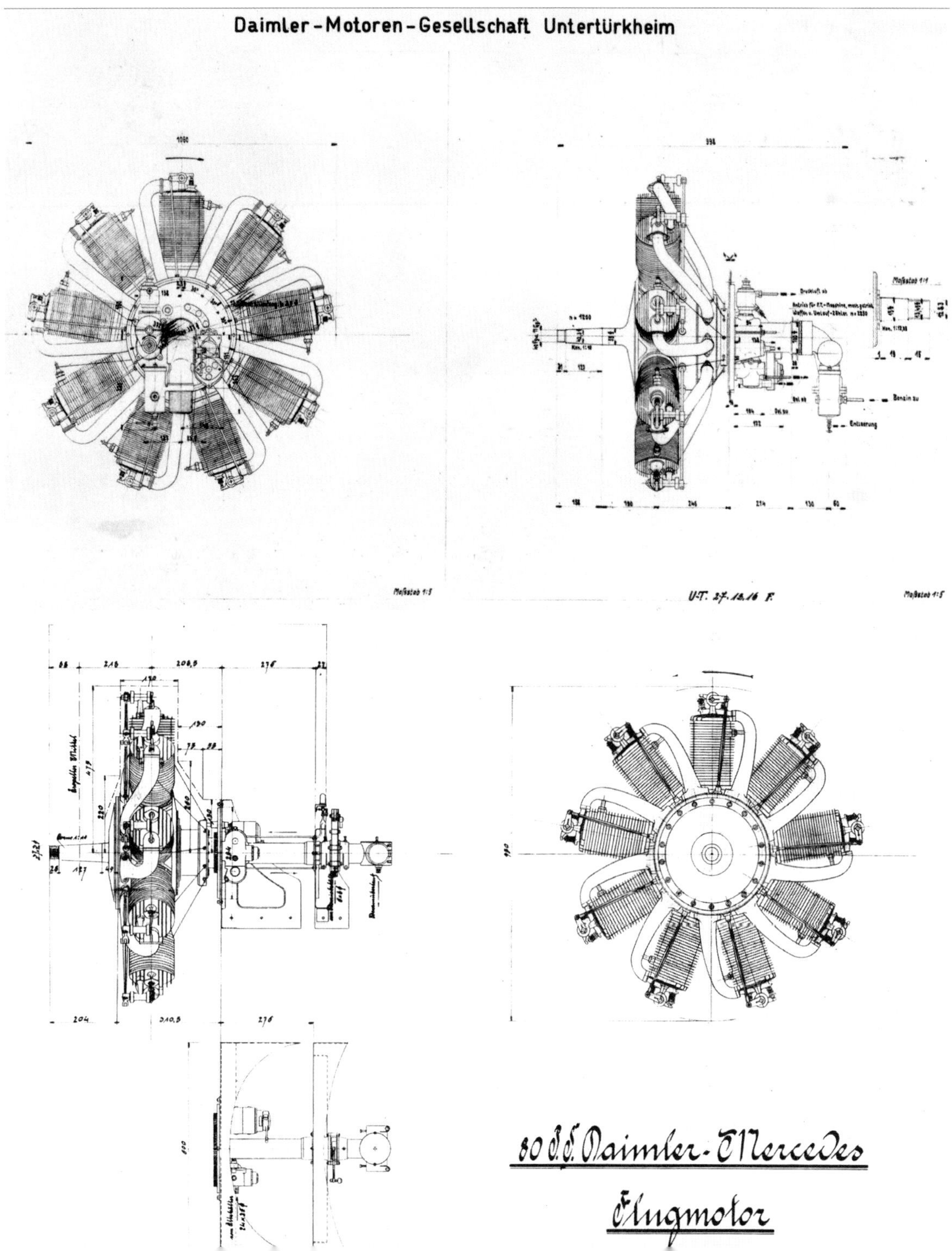

Der erste Umlaufmotor war ein Neunzylinder mit 80 PS Leistung, ein Nachbau des »Le-Rhône-Motors«. Der danach folgende Motor FR 11689 war eine Eigenentwicklung und leistete 125 PS.

Nach wie vor war bei Flugmotoren der Leistungsverlust in großen Höhen ein Thema, das Karl Maybach durch überdimensionierte und überverdichtete Motoren löste[78]. Die Resultate waren so überzeugend, dass sich die militärischen Stellen veranlasst sahen, die Entwicklung von sogenannten Höhenmotoren auch bei anderen Herstellern anzuregen. Auch PD experimentierte in dieser Richtung auf Basis des Motors DIIIa. Die Ergebnisse waren allerdings nicht von Erfolg gekrönt. So wandte sich PD 1916 der Aufladung von Motoren zu, da die Aufladung eine konstante Leistung in großen Höhen versprach. Auch hier bildete der DIIIa die Versuchsbasis. Dieser wurde durch ein Wittig-Gebläse aufgeladen. Der Kompressor hatte ein Aluminiumgehäuse, die Laufkörper und Schaufeln waren aus Chromnickelstahl. Er wurde unter dem Motor montiert und über eine Kette von der Kurbelwelle angetrieben. Dieser Motor mit Drehkolbenverdichter war der erste deutsche Kompressor-Motor, er leistete 277 PS bei 1.600 U/min. Nach diesem ersten erfolgreichen Schritt wurden die weiteren Versuche mit einem Roots-Gebläse fortgeführt, das nunmehr über Kegelräder und eine Zwischenwelle angetrieben wurde. Nach weiteren Versuchen mit unterschiedlichen Radialgebläsen der Firmen AEG und Siemens-Schuckert entschied sich PD für das Roots-Gebläse und entwickelte auf Basis des DIVa-Motors eine ab Juli 1918 serienreife Variante. Damit ließ sich eine Leistungssteigerung von 50% erzielen, was es ermöglichte, die Bodenleistung bis 6.000 m beizubehalten. Schnauffers Kommentar:

»Zusammenfassend kann gesagt werden, dass neben den Schiebermotoren Paul Daimler auf dem Gebiet der Flugmotoren ganz besonders Hervorragendes geleistet hat. In ständiger Verbesserung seit 1909 schuf er mit dem ›DIII‹ und ›DIVa‹ die wichtigsten Flugmotoren der deutschen Fliegertruppe. Diese Daimler-Flugmotorenbauart, fußend auf dem Rennwagenmotor Maybachs aus dem Jahr 1905, wurde so von Paul Daimler durchgebildet, dass sie nicht nur im Flugzeug- und Luftschiffbau, sondern auch in Kraftfahrzeugen und Rennwagen Einmaliges leisteten.«[79]

[78] Vgl. Niemann, Harry: »Karl Maybach – seine Motoren und Automobile«. Stuttgart 2004, S. 67.

[79] Schnauffer, Kurt: »Die Motorenentwicklung in der Daimler-Motoren-Gesellschaft von 1907 bis 1914, Teil I: Text«. Erstellt im Auftrag der Arbeitsgemeinschaft für die Geschichte des Deutschen Verbrennungsmotorenbaues, 1954/55, Archiv der MTU, Bestand »Wilhelm Maybach«, S. 43.

Erste Versuche an Daimler-Flugmotoren führte PD mit einem Wittig-Gebläse durch. Hier ist es hinter dem Motor montiert.

Der Kompressor wird via Kette angetrieben.

Leistungsprüfstand zur Flugmotorenerprobung im Werk Sindelfingen.

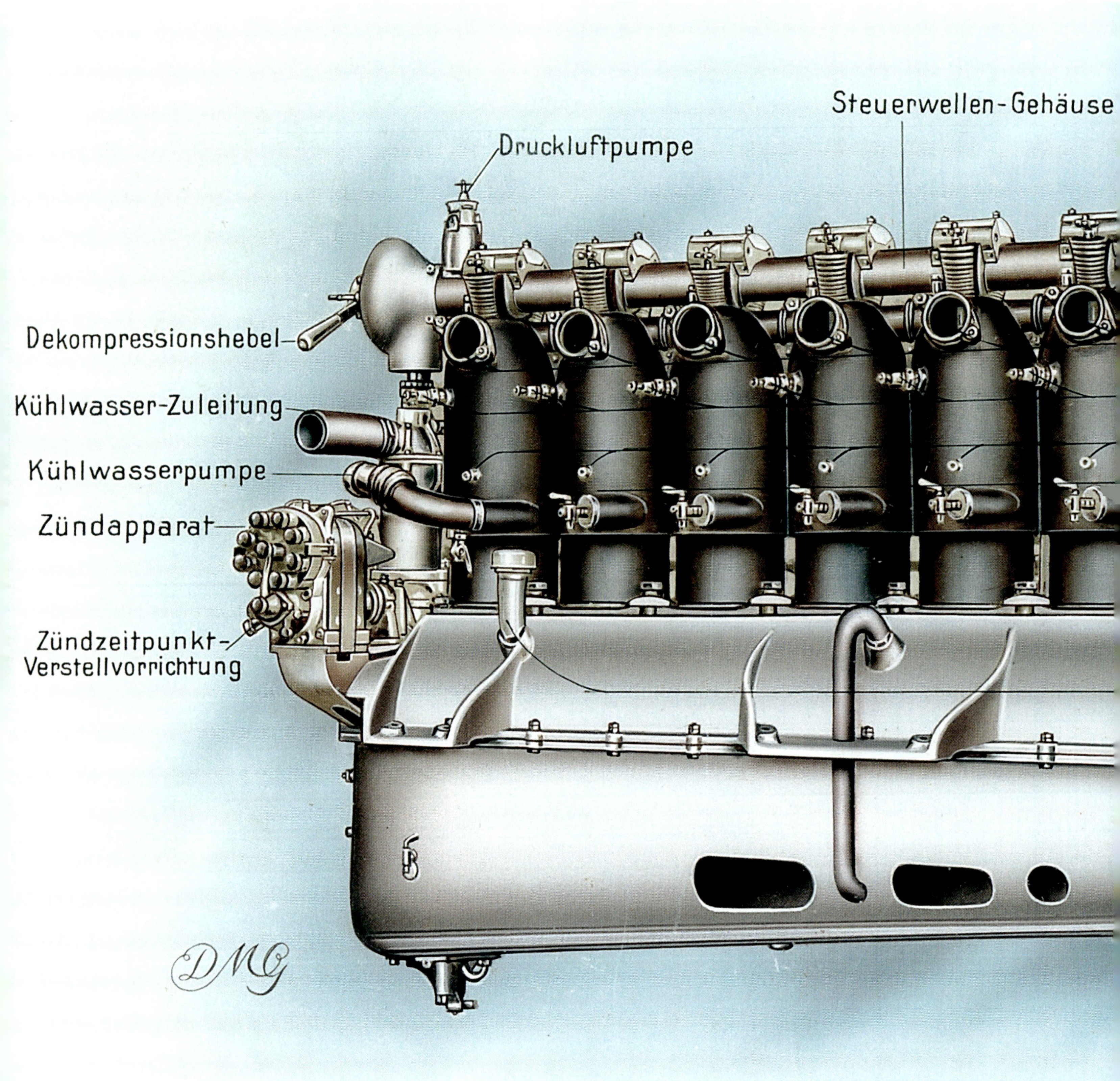
Steuerwellen-Gehäuse
Druckluftpumpe
Dekompressionshebel
Kühlwasser-Zuleitung
Kühlwasserpumpe
Zündapparat
Zündzeitpunkt-Verstellvorrichtung
DMG

Während der DMG-Zeit: PD fast immer mit »Vatermörder«

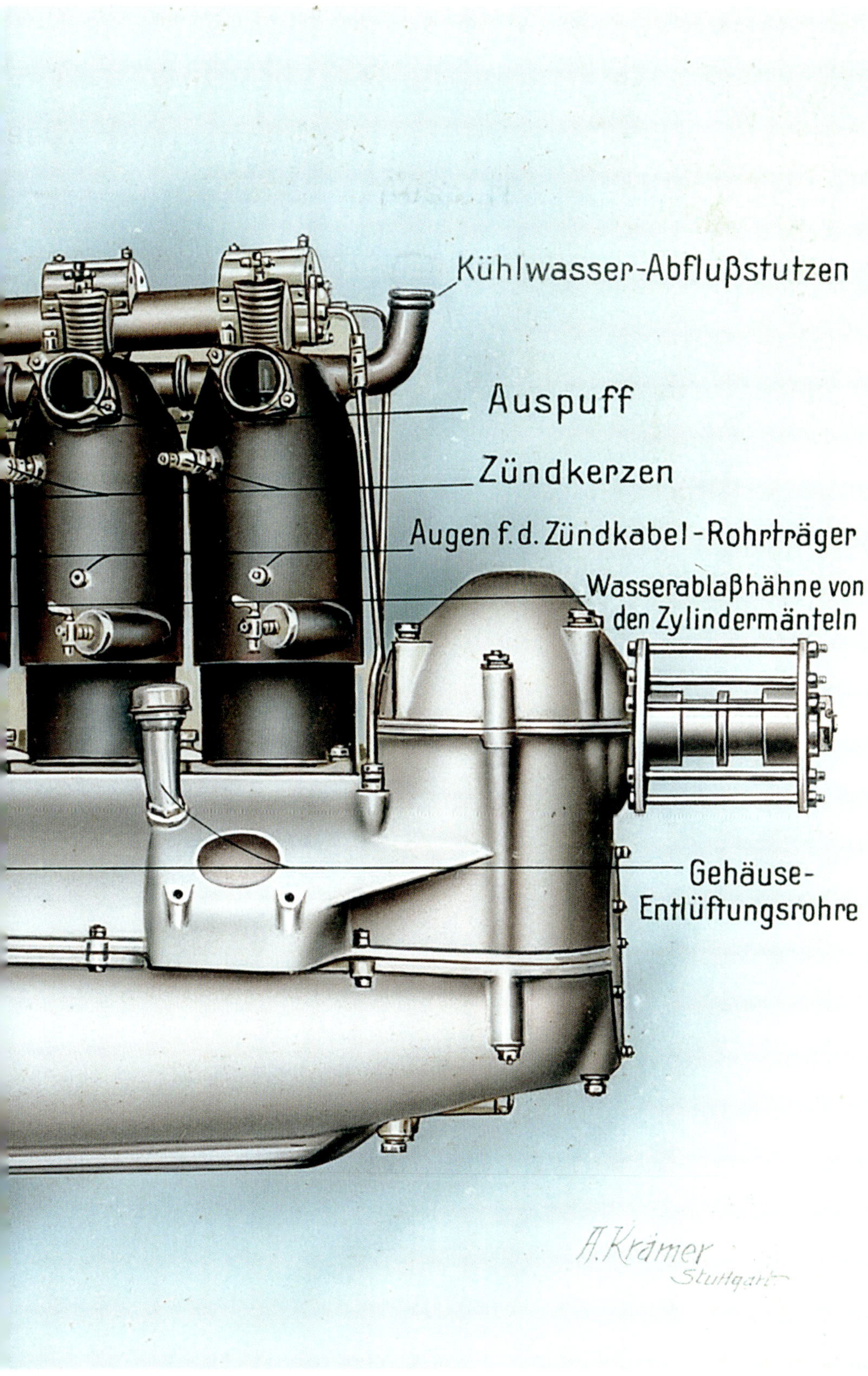

Der Achtzylindermotor des Typs DIVa.

Daimler DIV, 44,3-l-W-18-Flugmotor mit 517 PS / 380 kW. Die Entwicklung dieses Triebwerks begann 1916, verzögerte sich im Ersten Weltkrieg aufgrund anderer Prioritäten aber immer wieder. Als schließlich im Dezember 1918 die Bauartenprüfung abgelegt wurde, ist der Erste Weltkrieg zu Ende.

Doch nicht nur zu Lande und in der Luft präsentierte PD sein konstruktives Genie. Ab 1911 hatte die DMG in Berlin Marienfelde den Bau von rasch laufenden Schiffsdieselmotoren aufgenommen. Musste PD in Berlin vor Ort sein, residierte er im Hotel Kaiserhof am Wilhelmsplatz. Es entstanden ein 60-PS-Vierzylinder- und ein 90-PS-Sechszylindermotor, bei denen die Zylinder paarweise zusammengegossen waren. Auch hier setzte PD auf den Kompressor als Mittel zur Leistungssteigerung. Ein Kurbelzapfen am Kurbelwellenende trieb den zweistufigen Kompressor an. Der nächstgrößere Dieselmotor, auch ein Vierzylinder mit den Zylinderabmessungen 200 x 270 mm, leistete 100 PS bei 500 U/min und erhielt die Typenbezeichnung M 20274. Die ersten beiden Zahlen standen für den Zylinderdurchmesser, die nächsten für den Hub, und die letzte Zahl stand für die Anzahl der

Hier bilden vier normale Flugmotoren-Rootsgebläse eine Batterie für die Überladung von U-Boots-motoren.

Zylinder. Diese Nomenklatur wurde bis Anfang des Ersten Weltkriegs bei allen Marinemotoren beibehalten. Im Jahre 1913 folgte noch ein 10,7-l-Motor, der RS 17254 mit 70 PS. Beide Typen wurden auch als Sechszylinder ausgeführt, der M 20276 und der RS 17256 mit einer Leistung von 150 bzw. 100 PS. Damit generierten diese Motoren ca. 50% Mehrleistung gegenüber dem Vierzylinder-Pendant. Mit Beginn des Krieges wurden die Motoren nochmals weiterentwickelt und erhielten neue Typenbezeichnungen, bei denen nun die Angabe des Kolbenhubs wegfiel. So der RS 206, ein Sechszylindermotor mit einem Hub von 270 mm und einer Bohrung von 200 mm, der 150 PS leistete. Dieser war dann auch der erste Daimler-Boots-Dieselmotor, der in große U-Boote eingebaut wurde. Neben der Verwendung in Schiffen kamen die Motoren auch als Stationär- oder Generatormotoren zum Einsatz. In einer Notiz vom 31.8.1915 vermerkt PD zum Stand der Dieselmotorenentwicklung:

»Die Konstruktions-Entwürfe für die Groß-Dieselmaschinen von 500 - 1800 PS, für welche ein 2 cyl. Element gebaut werden soll, sind bereits soweit im Hauptentwurf vorangeschritten, dass heute schon Detailarbeiten an verschiedene Herren des Konstruktionsbüros abgegeben werden können. Mit Rücksicht darauf werden sofort 2 - 3 Konstrukteure der übrigen Abteilungen an die Abteilung Dieselbau abgegeben, um schon von jetzt an diese Arbeiten rasch zu fördern, da 2 bzw. 3 weitere Herren, die in diesem Fach schon früher konstruktiv tätig waren, für das Dieselbüro angenommen, erst am 1. Oktober eintreten können ... Was uns noch veranlasst, in der Neu-Aufnahme von Herren schneller voranzugehen, ist der Umstand, dass die Marine von uns außerdem noch 500-PS-Diesel-Maschinen für U-Boote mit kürzeren Lieferterminen haben will und wir uns bereit erklärt haben, auch diese Maschinen zu bauen, um so eher, als die Entwürfe für diese Type ebenfalls schon fertig vorliegen. Diese konstruktiven Arbeiten werden schon seither im C.B. Diesel-Abteilung tätigen Herren durchgeführt [sic].«[80]

Ab 1916 wurde die DMG beauftragt, Motoren mit mindestens 500 PS zu entwickeln. Daraufhin wurde der MU 336 entwickelt, ein 200(!)-l-Motor mit 530 PS bei 450 U/min. Von einem weiteren in der Folge entwickelten U-Boot-Motor, dem MU 536 mit 1.700 PS, wurden allerdings nur zwei Probemotoren gebaut. Im Verlauf des Krieges wurden 29 deutsche U-Boote und acht österreichische Boote mit Daimler-Motoren ausgerüstet, dazu kamen noch eine Reihe von Kleinst-U-Booten. Das bei alldem auch die Forschungs- und Entwicklungsarbeiten nicht zu kurz kamen, belegen nicht weniger als 154 Patente, die zwischen 1907 und 1918 der DMG erteilt wurden. Das betraf auch die Kompressor-Motoren. So gab es für die Wittiggebläse die Patente Nr. 307756 vom 21.11.1917, Nr. 317899 vom 29.11. und Nr. 307735 vom 27.11. des gleichen Jahrs.

[80] Privatarchiv Schildbach. Bestand »Paul Daimler«: »Kurzer Bericht über den Stand der Dieselmotoren-Angelegenheiten in Marienfelde« vom 31.8.1915.

Auch für das Roots-Gebläse wird am 21.6.1918 ein Patent mit der Nr. 401195 erteilt.[81] Weitere Patente beschäftigen sich zudem mit den speziellen Vergaserkonstruktionen für Kompressor-Motoren.

Am 28. Juli 1914 brach der Erste Weltkrieg aus. Der australische Historiker Christopher Clark bemerkt dazu: *»Der Kriegsausbruch von 1914 ist kein Agatha-Christie-Thriller, an dessen Ende wir den Schuldigen im Wintergarten über einem Leichnam gebeugt auf frischer Tat ertappen. In dieser Geschichte gibt es keine Tatwaffe als unwiderlegbaren Beweis, oder genauer: Es gibt sie in der Hand jedes einzelnen wichtigen Akteurs. So gesehen war der Kriegsausbruch eine Tragödie, kein Verbrechen. Wenn man dies anerkennt, so heißt das keineswegs, dass wir die kriegerische und imperialistische Paranoia der österreichischen und deutschen Politiker kleinreden sollten, die zu Recht die Aufmerksamkeit Fritz Fischers und seiner historischen Schule auf sich zog. Aber die Deutschen waren nicht die einzigen Imperialisten, geschweige denn die einzigen, die unter einer Art Paranoia litten. Die Krise, die im Jahr 1914 zum Krieg führte, war die Frucht einer gemeinsamen politischen Kultur. Aber sie war darüber hinaus multipolar und wahrhaft interaktiv – genau das machte sie zu den komplexesten Ereignissen der Moderne, und eben deshalb geht die Diskussion um den Ursprung des Ersten Weltkriegs weiter …«*[82]

Paul Daimler verbrachte diese Zeit, kurz nach seinem großen Triumph beim GP von Frankreich, im wohlverdientem Urlaub an der Ostsee. Wie viele Deutsche wurde er von der Kriegsnachricht überrascht. Als Techniker stellte er unversehens die Frage nach der Bedeutung dieses Kriegs für die eigene Industrie und kam dabei zu folgendem Schluss:

»Bei Ausbruch des Krieges konnte man uns, die wir in Zivilberufen zurückgeblieben waren, in zwei Kategorien einteilen: die einen, die noch nicht auf Urlaub gewesen, und die anderen, die sehr plötzlich vom begonnenen Urlaub zurückgekehrt waren. Ich gehörte zur zweiten Kategorie. Zu Beginn des Weltkriegs befand ich mich mit meiner Familie auf der Insel Rügen. Es sollten in der Nähe militärische Versuche mit Wasserflugzeugen stattfinden, für mich, vom

Auch in der Werbung gab man sich militärisch, wie dieses Plakat des Werbegrafikers Jupp Wiertz belegt.

[81] Zu den Inhalten der Patente äußert sich Schnauffer wie folgt: »Die Patente für die Wittig-Gebläse behandeln besonders leichte Ausbildungen von Gehäuse und Roter [sic.] sowie den Einbau des Gebläses im Flugzeug. Beim Roots-Patent sind es Fragen günstiger Liefergrade.« Schnauffer, Kurt: »Die Motorenentwicklung in der Daimler-Motoren-Gesellschaft von 1907 bis 1914, Teil I: Text«. Erstellt im Auftrag der Arbeitsgemeinschaft für die Geschichte des Deutschen Verbrennungsmotorenbaues, 1954/55, Archiv der MTU, Bestand »Wilhelm Maybach«, S. 60.

[82] Clark, Christopher: »Die Schlafwandler. Wie Europa in den ersten Weltkrieg zog«. München 2015, S. 716 f.

Standpunkt des Ingenieurs und Konstrukteurs, jedenfalls eine interessante Urlaubsaufgabe. Wir begannen uns in eine idyllische Friedensstimmung einzuspinnen, trotz aller Nachrichten über politische Spannungen. Im Urlaub ist man naturgemäß höchst optimistischer Stimmung, und wenn da Leute einem die Beruhigungspillen eingeben: ›Es wird schon vorübergehen, wie es so oft zuvor vorübergegangen ist‹, so nimmt man solche Pillen gerne ein. Dann hieß es aber eines Tages ganz unvermutet: Die Versuche mit den Flugzeugen sind militärischerseits abgesagt worden ... Nun schien mir die Sache dann doch ernst zu werden. Vorsicht ist die Mutter der Weisheit; ich beschloss, meinen Urlaub abzubrechen und schleunigst nach Hause zu reisen. Aber von der glatten und raschen Heimfahrt per Auto war keine Rede. Lassen Sie mich auf die Schilderung der an Hindernissen überreichen Autofahrt heimwärts verzichten. Es genüge zu sagen, dass ich, nur noch hundertzehn Kilometer von Untertürkheim entfernt, das Auto mit dem ›Großen Bruder‹ vertauschte. Ich fuhr über Berlin zweieinhalb Tage mit der Bahn, und kam dann endlich nach Untertürkheim. Einhundertzehn Kilometer in zweieinhalb Tagen, das ist auch ein Rekord. In der Fabrik: Unruhe, Kriegs- und Feldstimmung. Ich begann sofort, gemeinsam mit Herrn Direktor Berge, an die durch die Verhältnisse bedingte Neuorganisation, eigentlich besser gesagt Umorganisation zu schreiten. Ich fand die Meinung vor, dass die Automobilfabriken, die ja eigentlich ›Luxuswaren‹ erzeugten, für die Dauer des Krieges die überflüssigsten Fabriken von der Welt sein würden. Ich konnte aber in dieser Beziehung aufklärend und beruhigend wirken. Ich hatte nämlich während meines kurzen Aufenthalts in Berlin Gelegenheit gehabt, mit führenden Kreisen Fühlung zu nehmen, und man hatte mir zu meiner größten Befriedigung gesagt, dass unsere Fabrik alles werde aufbieten müssen, um den zu erwartenden Bestellungen schleunigst gerecht zu werden. Wie uns dann die militärischen Bestellungen förmlich ins Haus flogen, das können Sie sich beiläufig vorstellen, denn nun hieß es ja auch, was Automobile und Flugzeuge anbelangt: Nachschub und Ersatz bis an die Grenzen der Möglichkeit! Schon die allerersten militärischen Bestellungen brachten mir eine große Genugtuung. Man verlangte Wagen mit Vierradantrieb. Der Vierräderantrieb ist eine Lieblingsidee von mir. Ich behaupte nicht, dass der Vierradantrieb heute etwas Neues ist. Man kennt seine Vorzüge, die sich ja besonders bei militärischen Transporten auf schlechten Straßen zeigen. Aber trotzdem und alledem hatte sich das Prinzip des Vierräderantriebs bisher nicht so schnell durchsetzen können, wie es meiner Meinung nach wünschenswert gewesen wäre. Sie wissen aber: wenn ein Konstrukteur einmal eine Lieblingsidee hat, so lässt er nicht locker, möge sie auch gelegentlich eine Ablehnung erfahren haben. Ich halte mich an das bekannte politische Schlagwort von der ›leidenschaftslosen Beharrlichkeit‹. Das lässt sich auch im Konstruktionswesen anwenden, und so hörte ich nicht auf, das System des Vierräderantriebs mit leidenschaftsloser Beharrlichkeit konstruktiv auszugestalten. Und jetzt habe ich Recht behalten, ich habe dankbare Anerkennung für meine scheinbar aussichtslose Arbeit gefunden. Es kommt eben für alles seine Zeit. Leider ist es gerade die Kriegszeit gewesen, die mir noch in anderer Hinsicht Recht gegeben hat. Ich habe mich immer für die Konstruktion leichter und schneller Lastwagen eingesetzt. Das sind Lastwagen für eine halbe Tonne, für eine Tonne und für eineinhalb Tonnen; sie sind unter Umständen sogar wertvoller als die schweren Lastwagen, deren klaglose Verwendung nur auf wirklich guten Straßen erfolgen kann. Wieviele schwere Lastwagen sind in diesem Kriege auf schlechten Straßen schon stecken geblieben! Es ist klar, dass der leichte Lastwagen auch unter ungünstigen Umständen und auf schlechteren Straßen eher das Ziel erreichen wird, als der schwere Lastwagen. Und da muss ich schon sagen, dass mir der Spatz in der Hand lieber ist, als die Taube auf dem Dach. Das ist ein einfaches Rechenexempel. Ein Wagen, der 1000 kg ans Ziel bringt, ist für die Heeresverwaltung wertvoller, als ein Wagen, der mit 10000 kg stecken bleibt. Die Lehre, die uns der Krieg bezüglich der Lasttransporte bisher gegeben hat, ist die, dass man eben zwei Eisen im Feuer haben muss. Man darf sich nicht auf einen Typ versteifen. Es gibt im Krieg so vielerlei Transportmöglichkeiten, dass diejenige Heeresverwaltung immer im Vorteil sein wird, die eben auch für die verschiedenartigsten Transportvehikel vorgesorgt hat. Man wird aus dem Krieg sehr viele Lehren ziehen. Ich glaube, dass man sich für die Zukunft weniger ›schwere Kavallerie‹ anschaffen, dafür aber der ›leichten Kavallerie‹, den leichten Lastwagen von ein- bis eineinhalb Tonnen, den Vorzug geben wird. Man hat also Wagen mit Vierräderantrieb, man hat leichte Lastwagen benötigt. Es hat mir wahrhaftig große Freude bereitet, dass wir so schnell vorbereitet waren und die Heeresverwaltung in ihren Anforderungen nicht enttäuscht haben.«[83]

[83] Festschrift zum 25-jährigen Bestehen »DMG 1890–1915«, Stuttgart 1915, S. 77 f.

Mercedes-Daimler-
Allrad-Lastwagen.

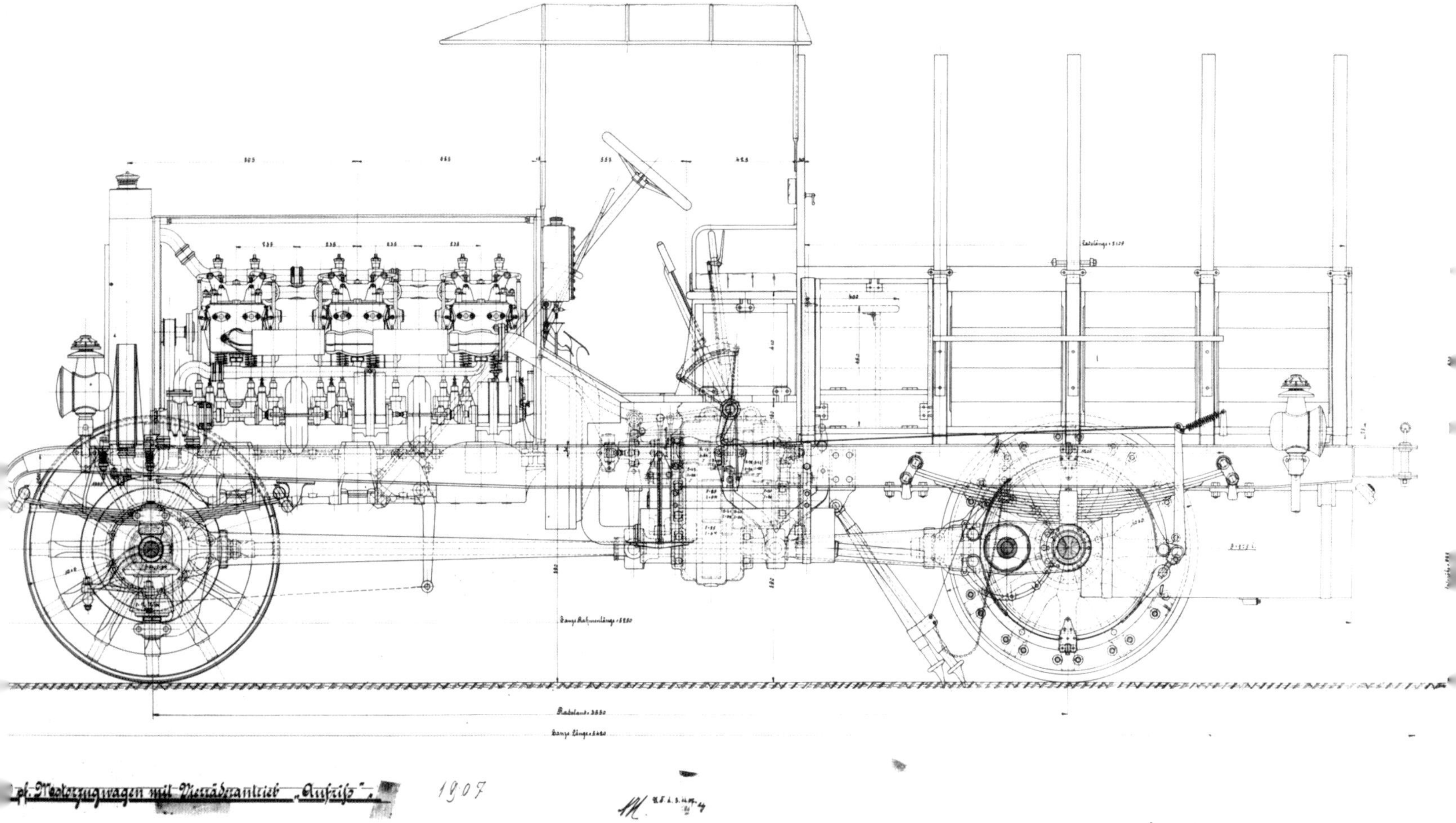

Schon vor 1907 hatte Paul Daimler einen Motor-Zugwagen mit Allradantrieb und Sechszylinder-Motor konstruiert.

KD I (Krupp/ Daimler) mit Riesenrädern in der Geländeerprobung 1917.

Für die DMG bedeutete der Krieg zunächst den Verlust des für das Unternehmen so wichtigen Zweigs der Pkw-Herstellung und des Exportgeschäfts. Bis etwa 1915 wurde die Produktion fortgeführt, wobei die Fahrzeuge von den Militärbehörden übernommen wurden. Im letzten Kriegsjahr wurden nur noch 108 Pkws hergestellt. Demgegenüber stieg die Nachfrage nach Marine- und Flugmotoren. Der Geschäftsbericht von 1915 konstatierte, dass ausschließlich für die Heeresleitung produziert wurde. Gerade durch die vor dem Krieg betriebene Flugmotorenproduktion hatte man sich gegenüber anderen Herstellern einen gewaltigen Vorsprung erarbeitet, der sich nun erweitern ließ. Schon 1915 war der Beschluss gefasst worden, ein weiteres Werk auf Sindelfinger Terrain zu eröffnen, um dort eine Flugzeug- und Karosserieproduktion aufzubauen. Zu diesem Zweck wurde ein 50.000 Quadratmeter großes Gelände erworben und zügig bebaut.[84] Dass 46% aller 43.500 Flugmotoren im Ersten Weltkrieg von der Daimler-Motoren-Gesellschaft gebaut wurden, ist zu einem erheblichen Teil das Verdienst von Paul Daimler. Untertürkheim belieferte die Militärs mit Sanitätswagen und normalen Personenwagen. Deshalb blieb die Pkw-Produktion bis 1915 weitgehend konstant. Das Werk Berlin Marienfelde lieferte Schiffsdiesel für die U-Boot-Waffe und Motoren für den Sturmpanzerwagen.
Die Produktion versechsfachte sich im Kriegsverlauf und stieg von 985 auf 6.330 Einheiten. Ab 1917 lieferte die DMG 600 Motoren monatlich. Als am 11. November 1918 der Krieg durch den Waffenstillstandsvertrag von Versailles beendet wurde, lagen noch Bestellungen über 8.879 Flugmotoren im Wert von 145 Millionen Mark vor. Der Umsatz war von Kriegsbeginn an von 50,5 Millionen Mark auf den Höchststand von 317,5 Millionen Mark im Oktober 1917 gestiegen.
Im Verlauf des Krieges griff der Staat immer stärker in die Privatwirtschaft ein. Dieser Beschneidung der unternehmerischen Entscheidungsfreiheit stand ein gesicherter Absatz zu festen Preisen gegenüber. Da die DMG hohe Rüstungsgewinne machte, kam es zu öffentlichen Angriffen, die in der sogenannten »Daimler-Affäre« mündeten. PD litt stark unter diesen Anschuldigungen und forderte sogar im Verlauf des Jahres 1922 von dem Unternehmen eine Entschädigung für den Ansehensverlust, den dies dem Namen »Daimler« gebracht hatte. Das kam so:

[84] Molter, Günther: »Werk Sindelfingen. Karosserie- und Montagewerk der Mercedes-Benz Aktiengesellschaft«, Hg. Mercedes-Benz AG, Sindelfingen 1990, S. 20 ff.

Daimler-Panzerwagen mit Allradantrieb, 38/80 PS, von 1915.

»Als im Februar 1918 der DMG Vorstandsvorsitzende Berge sofortige Preiserhöhungen für Heereslieferungen forderte, bei Nichtgewährung mit Einschränkung der Produktion drohte und kurze Zeit darauf ein ehemaliger DMG-Angestellter die Firma der Fälschung von Kalkulationsunterlagen bezichtigte, zog dies staatliche Zwangsmaßnahmen gegen das Unternehmen nach sich und führte zu Untersuchungen, die als ›Daimler-Affäre‹ weite Kreise in der Öffentlichkeit zogen. Als Folge dieser Affäre war die DMG ab März 1918 unter militärische Aufsicht gestellt und das Verhältnis zwischen Betriebsleitung und Belegschaft erheblich belastet.«[85] Am 9. Dezember nimmt die Militärbehörde allerdings den Vorwurf der überhöhten Preise gegenüber der DMG zurück.

Der Frieden wurde teuer erkauft und warf Deutschland auf den wirtschaftlichen Stand von 1888 zurück. Der Versailler Vertrag gründet auf der alleinigen Kriegsschuld des deutschen Kaiserreichs und der Donaumonarchie, entsprechend hart waren die Vertragsbedingungen. So heißt es in Artikel 231:

»Die alliierten und assoziierten Regierungen erklären, und Deutschland erkennt an, dass Deutschland und seine Verbündeten als Urheber für alle Verluste und Schäden verantwortlich sind, die die alliierten und assoziierten

[85] Feldenkirchen, Wilfried: »Herz des Automobils. 100 Jahre Werk Untertürkheim 1904–2004«. Hg. DaimlerChrysler Classic, Stuttgart 2004, S. 58 ff.

Geschützwagen, in Kooperation mit Krupp gebaut.

Allradgetriebener Plattformwagen mit Krupp-Ballon-Abwehrgeschütz aus den Jahren 1908/1909.

Regierungen und ihre Staatsangehörigen infolge des Krieges, der ihnen durch den Angriff Deutschlands und seiner Verbündeten aufgezwungen wurde, erlitten haben.«
Von den meisten Deutschen wurde dieser Vertrag als demütigendes und illegitimes Machwerk empfunden, vor allem, weil die deutsche Delegation bei der Ausarbeitung des Vertrags ausgeschlossen worden war und erst am Ende der Verhandlungen Änderungswünsche einbringen konnte. Entsprechend fiel dieser dann aus. Neben exorbitanten Gebietsverlusten wurden auch die deutschen Kolonien unter den Siegermächten aufgeteilt, und es mussten hohe Reparationszahlungen entrichtet werden. Was für die DMG jedoch weit schwerer wog, waren die Restriktionen gegen die deutsche Industrie. Erstere war vor allem durch das Verbot der Produktion von Flug- und Luftschiffmotoren betroffen. Sindelfingen, ursprünglich als Flugzeug- und Flugmotorenfabrik mit großen Kapazitäten ausgelegt, musste auf Möbel- und Karosserieproduktion umsatteln, und auch der Kompressor-Motor musste sich zukünftig auf neuem Terrain profilieren.

Mit der Demobilmachung des Heeres und der Wiedereingliederung der Entlassenen in das Wirtschaftsleben hatte der Rat der Volksbeauftragten noch am 12. November 1918 das Reichsamt für wirtschaftliche Demobilmachung beauftragt. Unterhalb der staatlichen Ebene nahm sich die neue Zentrale Arbeitsgemeinschaft zwischen Arbeitgebern und freien Gewerkschaften dieser Problematik an. Grundsätzlich wurden die Unternehmen zur Wiedereinstellung ihrer in den Kriegsdienst eingezogenen Beschäftigten verpflichtet. Um die entsprechenden Arbeitsstellen für die Rückkehrer freizumachen, wurden die seit dem Kriegsbeginn als Ersatz für die Stammbelegschaft neu eingestellten Mitarbeiter und Mitarbeiterinnen nach und nach wieder entlassen. Diese Maßnahmen erstreckte sich in erster Linie auf Frauen und Jugendliche, die während des Krieges in großem Umfang Aufgaben in der Produktion übernommen hatten.[86]

[86] Vgl. Buschmann, Birgit: »Unternehmenspolitik in der Kriegswirtschaft und in der Inflation. Die Daimler-Motoren-Gesellschaft 1914–1918«. Stuttgart 1998, S. 214.

1918–1922

Frühes Kompressormodell eines 10/35 PS mit Sport-Phaeton-Karosserie.

Der Kompressor kommt ins Auto. Mercedes macht dem Motor Druck und Paul Daimler verlässt die DMG im Streit.

Die Werbeanzeige, gezeichnet von August Schuler, zeigt das Spitzenmodell 28/95 PS, das bis 1924 gefertigt wurde.

Die Folgen des verlorenen Weltkriegs waren erheblich. 1919 erreichte Deutschland gerade einmal den Standard der Industrieproduktion von 1888, und auch sechs Jahre später war das Niveau von 1913 noch nicht wieder erreicht. Hinzu kam, dass der weltweite Protektionismus die Rolle des Welthandels als Antrieb für den wirtschaftlichen Wiederaufbau minimierte. Für die Autoindustrie kam erschwerend hinzu, dass sich viele Rüstungsproduzenten auf der Suche nach neuen Geschäftsfeldern im Personenwagenbau positionierten: allein in Deutschland

Werbeanzeige der Daimler-Motoren-Gesellschaft mit dem Motiv eines Mercedes 22/50 PS Phaeton und eines stilisierten Flugzeugs, erschienen in »Motor«, S. 6, 1914. Künstler: Fries.

existierten zwischen 1920 und 1924 im Ganzen 121 dieser Firmen. Der Bestand an Kraftfahrzeugen hatte sich 1920 gegenüber 1914 halbiert und nahm erst dann wieder zu, als die Beschränkungen wie Benzinmangel, Fahrverbote für Privatwagen und die Luxussteuer auf Automobile gelockert wurden. 1919 wurden bei der DMG gerade einmal 621 Pkw und 550 Lastwagen mit einer halbierten Belegschaft gebaut.

Von den Personenwagen der Daimler-Motoren-Gesellschaft wurde nach dem Ersten Weltkrieg von den drei Mercedes-Knight-Modellen 10/30 PS , 25/65 PS (Bauzeitraum beider Wagen von 1912 bis 1915) und 16/40 PS nur der 16/40 weitergebaut (1910 bis 1924). Alle drei Motoren waren Vierzylinder. Topmodell des Pkw-Programms war ein Sechszylinder, der Mercedes 28/95 PS. Konstruktiv lehnte sich dieser Motor an den Flug- und GP-Motor von 1914 an: Kolben und Kurbelgehäuse aus Aluminium, die paarweise vergossenen Stahlzylinder mit aufgeschweißtem Kühlwassermantel, schräg hängende Ventile, die über eine obenliegende Nockenwelle via Königswelle angetrieben wurden. Außenliegende Auspuffrohre und ein Spitzkühler gaben dem Wagen ein markantes Profil. Dieser bis zu 138 km/h schnelle 90-PS-Wagen wurde von 1914 bis 1915 und von 1920 bis 1924 in einer Stückzahl von insgesamt 590 Einheiten gebaut. Wie damals üblich, wurde er in den verschiedensten Karosserievarianten wie etwa Phaeton, Sport-Zweisitzer, Stadt-Coupé, Touring Car, Sport-Sedan etc. präsentiert.[87]

Bei der Planung für Neukonstruktionen übertrug Paul Daimler die bei der Kompressor-Motorenentwicklung der Flugmotoren gewonnenen Erkenntnisse auf den Renn- und Personenwagenbau. Der erste Versuchsmotor der DMG war ein schiebergesteuerter Knight-Motor. Prinzipiell funktionierte das verwendete Roots-Gebläse wie eine Zahnradpumpe. Doch anstelle der ineinandergreifenden Zahnräder förderten zwei gegenläufige Walzen mit 8-förmigen Querschnitten die Gase. Die Walzen arbeiteten mit minimalem Spaltmaß in einem Gehäuse, dessen Innenraum im Prinzip aus zwei mit Abstand verbundenen Halbkreisen bestand. Die Verdichtung der Gase erfolgte

[87] Die Vielfalt der handgearbeiteten Aufbauten für Rahmenfahrzeuge ist aus heutiger Sicht beeindruckend: Vis-à-vis, Phaeton, Tonneau, Limousine, Cabriolet oder Landaulet, unter anderem auch Standard-Limousine,-Allwetter-Limousine, Brougham, Sedan, Innenlenker, Innenlenker-Limousine, Herrenfahrerlimousine, Chauffeur-Limousine, Luxus-Limousine, Sport-Limousine, Stromlinien-Limousine, Stromlinien-Innenlenker, Ballonlimousine, Kombinationslimousine Sedanca, Berline, Pullman-Limousine, Pullman-Ballonlimousine, Town Car, Coupé-Limousine, Coupé, Sport-Coupé, Stadt-Coupé, Theater-Coupé, Coupé de Ville, Coupé-Chauffeur, Coupé-Landaulet, Coupé-Cabriolet, Sedanca-Landaulet, Cabrio-Limousine, Innensteuer-Cabriolet, Spezial-Cabriolet, Reise-Cabriolet, Luxus-Cabriolet, Sport-Cabriolet, Stromlinien-Cabriolet, Sedan-Cabriolet, Ponton-Sport-cabriolet, Chauffeur-Cabriolet, Faux-Cabriolett, Roadster-Cabriolet, Cabrio-Roadster, Transformations-Cabriolet, Pullman-Cabriolet, Cabriolet ohne Trennscheibe (Separations), Reise-Luxuscabriolet, Pullman-Leichtcabriolet, Tourer, Tourenwagen, Sport-Tourenwagen, Sport-Phaeton, Phaeton-Limousine, Spezial-Sportphaeton, offener Reisewagen, Roadster, Sport-Roadster, Spezial-Sportroadster, Wagen mit kombinierter Karosserie etc.

Der Mercedes 28/95 PS war noch lange im Renneinsatz, hier bei einer Veranstaltung »Rund um die Solitude« am 16./17.5.1925 (Fahrer E. Schulz).

durch den Förderdruck. Der Kompressor wurde von der Kurbelwelle angetrieben und drehte sich in der Regel mit mehrfacher Motorumdrehungszahl. Wurde ein solches Roots-Gebläse vor dem Vergaser als sogenannter Druckkompressor montiert, presste es bereits verdichtete Luft in den Vergaser, der sie mit Treibstoff anreicherte. Vorteil gegenüber einem Vergaser ohne vorgeschalteten Kompressor: Das Roots-Gebläse erhöhte durch die Vorkompression den Füllungsgrad der Zylinder: mehr Füllung, mehr Leistung.

Erster für die Serienfertigung vorgesehener 260-PS-Flugmotor mit Kompressor von 1918.

Erster Wagenmotor mit Kompressor auf der Basis des 10/40-PS-Knightmotors mit Schiebersteuerung.

Paul Daimler bei einer Testfahrt im Kompressor-Mercedes 6/25/40 PS, zusammen mit Vorstandskollege Ernst Berge, kurz hinter Sulzbach a. Kocher.

Der Typ 10/35 PS als offener Tourenwagen.

Zur Automobilausstellung im Spätsommer in Berlin fuhren die beiden Altmeister Otto Salzer und Christian Lautenschlager mit Vorserienmodellen der Kompressor-Typen 10/40 PS und 6/25 PS. Auf der gut ausgebauten Heerstraße demonstrierten sie die Potenz der Kompressor-Motoren nachhaltig. Ein zeitgenössischer Versuchsbericht vermerkte, dass sich drei Motor-Konstruktionen ab Dezember 1921 in der Erprobung befanden. Vom 6/20 PS existierten zu diesem Zeitpunkt 35 Motoren, wobei erst fünf mit einem Kompressor versehen waren. Vier mit einem waagrecht montierten und einer mit senkrechtem Kompressor. Ohne Kompressor leistete dieser Motor 25 PS bei 2.800 U/min. Auch von dem 10/35-PS-Motor waren erst 35 Motoren gefertigt; hier erst fünf mit Kompressor versehen. Bei diesem Aggregat beträgt die Leistung 45 PS bei 2.800 U/min ohne und 65 PS mit Kompressor. Mit Hirth-Kolben erreichte man eine weitere Leistungssteigerung auf 47 bzw. 69 PS.

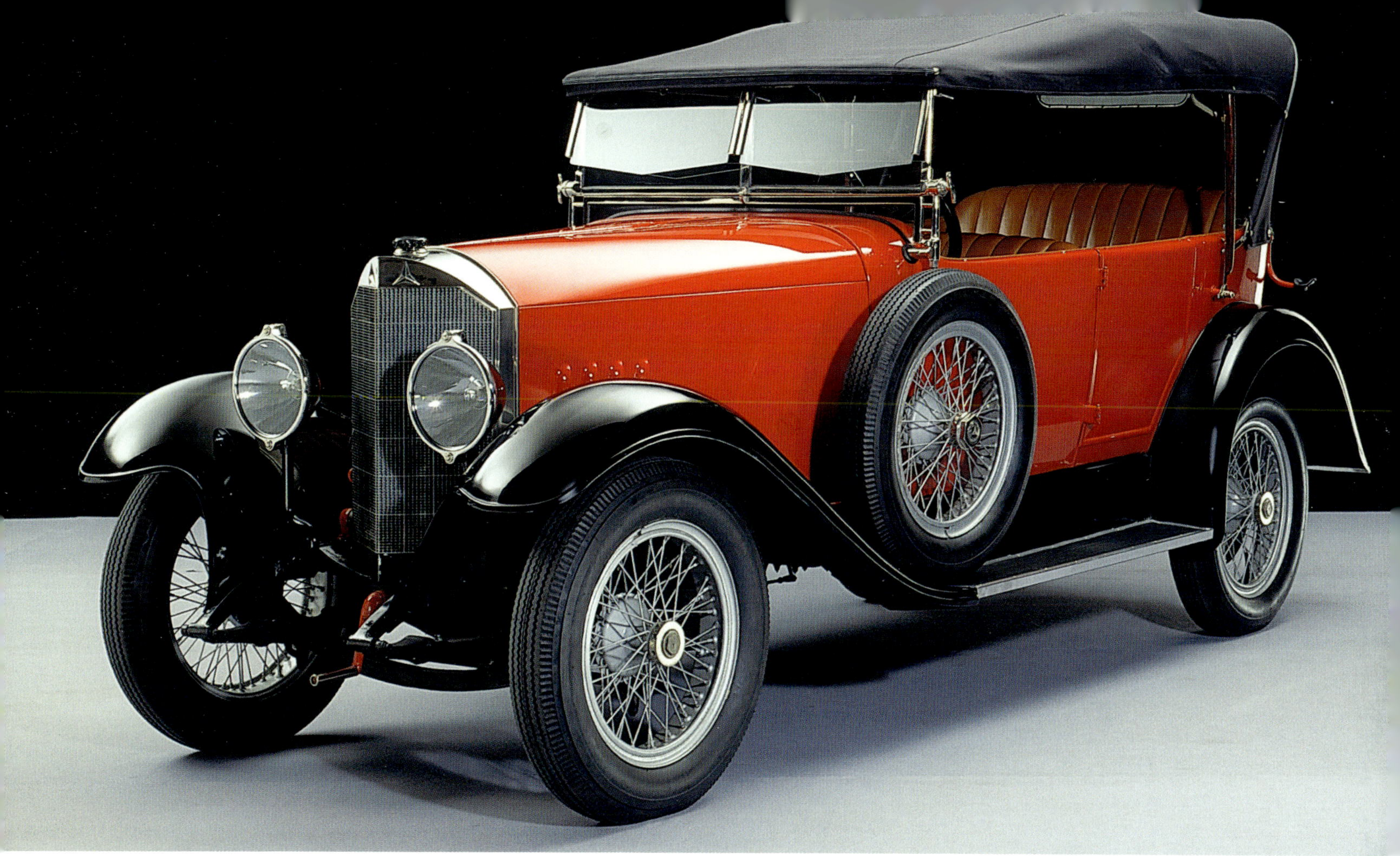

Mercedes-
Kompressor-
Tourenwagen
Typ 6/25/40 PS
von 1921.

Der erste
Mercedes-Pkw-
Kompressor-
Motor 6/25/40 PS,
1921–1924.

Der komplett demontierte Motor eines 10/35 PS.

Ein weiterer Motor, der mit einem Kompressor versehen werden sollte, war der 28/95 PS mit 7,3 l Hubraum. Der 1,6-l-Motor hatte ebenso wie der 2,6-l-Motor paarweise zusammengegossene Stahlzylinder mit aufgeschweißten Wassermänteln. Die Ventile waren V-förmig hängend angebracht und wurden von einer obenliegenden Nockenwelle gesteuert, deren Antrieb über eine Königswelle erfolgte. Der Kompressor war dem Motor vorgelagert, mit Antrieb, Kupplung und Stillstandbremse ein relativ einfaches Bauteil. Im normalen Fahrbetrieb war der Lader nicht im Einsatz, erst wenn der Fahrer das Gaspedal durchdrückte, wurde der Roots-Kompressor eingekuppelt und stellte augenblicklich seine Mehrleistung zur Verfügung. Dieser 1,6-l-Wagen sowie der gleichzeitig präsentierte 2,6-l-Typ 10/35 PS waren die ersten Serienfahrzeuge mit Kompressor-Motor. Bei beiden wurde der Kompressor nicht nachträglich angebaut, sondern war bereits in der Konstruktionsphase berücksichtigt worden. Die Serienproduktion dieser neuen Fahrzeuggattung begann erst im Frühjahr 1923 unter der Typenbezeichnung 6/25 PS bzw. 10/40 PS. Ab 1924 erfolgte dann auch via Typenbezeichnung die Angabe der Leistung im Kompressor-Betrieb: 6/25/40 PS (später 6/25/38 PS) und 10/40/65 PS.

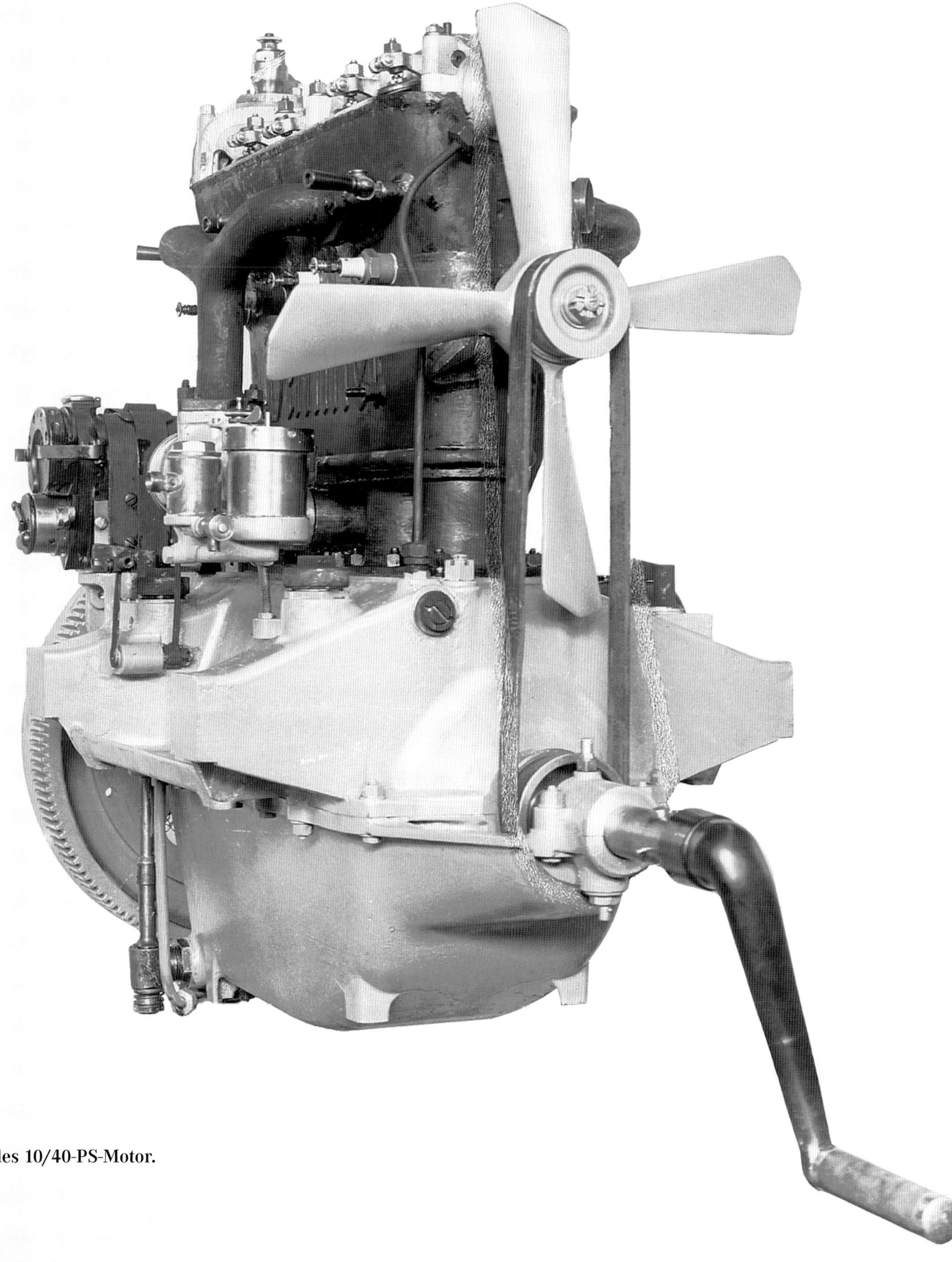

Mercedes 10/40-PS-Motor.

Am Volant des 10/35 PS.

Ein Blick in den Motorraum des 10/35 PS.

Bei keiner anderen Automobilmarke hatte der Kompressor-Motor eine größere Bedeutung als bei Mercedes, sowohl im Personenwagen- als auch im Rennwagenbau. Umso außergewöhnlicher und selten waren die ersten Mercedes-Modelle, die mit einem Roots-Kompressor bei der Daimler-Motoren-Gesellschaft hergestellt wurden. Die positiven Erfahrungen mit den aufgeladenen Motoren führten bei der DMG rasch dazu, auch die Wettbewerbsfahrzeuge mit Kompressormotoren auszustatten. Bei der Targa Florio 1922 wurden gleich zwei unterschiedliche Kompressorwagen eingesetzt. Der Sechszylinder-Typ 28/95 PS, mit dem Max Sailer einen Klassensieg und den 6. Platz im Gesamtklassement erzielte, war bereits im Vorjahr erfolgreich gewesen, als er, damals noch ohne Kompressor, die für den schnellsten Serienwagen bestimmte »Coppa Florio« gewonnen hatte. Schon damals war der Fahrer Max Sailer gewesen. 1922 hatten die DMG-Ingenieure um PD zusätzlich einen Kompressor angebaut, der trotz der Leistungssteigerung zunächst jedoch keinen signifikanten Wettbewerbsvorteil erkennen ließ.

Max Sailer mit seinem Kompressor-Mercedes 28/95 PS vor der Abfahrt zur Targa Florio 1922. Techniker der Daimler-Motoren-Gesellschaft (v.l.): Dürrwächter, Paul Daimler, Scheib, Merkle, Heeß, Schopper, Günther, Renz, Schwerdtfeger (mit Brille), Scheerer, Bauer, Sailer (am Steuer), Rieger, Krauss und Franz Linck (jüngerer Sohn von Karl Linck).

Vor der Abfahrt zur Targa Florio 1922 am Bubenbad. Max Sailer auf Mercedes 28/95 PS mit Kompressor. Rechts daneben Direktor Rall von den Bosch-Werken.

Bei der Targa Florio in Sizilien am 29.5.1921 gewann Max Sailer mit seinem Mercedes 28/95 PS die für den schnellsten Serienwagen bestimmte Coppa Florio. In der Gesamtwertung belegte er den zweiten Platz.

Max Sailer am Steuer mit Beifahrer Rieger auf Mercedes 28/95-PS-Rennsport-Tourenwagen, wie er bei der Targa Florio am 29. Mai 1921 eingesetzt wurde.

Der für die Targa Florio 1921 gebaute 28/95-PS-Kompressor-Motor leistete 145 PS und war das erste Exemplar, bei dem der Kompressor zu einem organischen Bestandteil des Motors geworden ist.

Für die Targa Florio 1922 wurde in Untertürkheim der erste 1,5-l-Vierzylinder-Kompressor-Rennmotor entwickelt. Er leistete 79 PS / 58 kW.

Der zweite bei der Targa Florio eingesetzte DMG-Kompressor-Rennwagen war besagte Neukonstruktion, bei der der Kompressor erstmalig schon in der Konstruktionsphase berücksichtigt wurde. Der Motor basierte auf dem des Serienmodells 6/25 PS, das im September 1921 noch als 6/20 auf der Berliner Automobil-Ausstellung vorgestellt worden war.

Die Fertigstellung der beiden mit integrierten Kompressoren ausgestatteten Motoren (also auch die des 1,5 l) erfolgte vermutlich Ende des Jahres 1921. Mit dem 7,3-l-Kompressor gewann Max Sailer bei den Serienwagen über 4,5 l und erreichte den sechsten Platz im Gesamtklassement, Paul Scheef erzielte mit dem kleinen Kompressorwagen in der Klasse bis 1,5 l den dritten Platz. Bleibt zu erwähnen, dass Platz 1, 2 und 4 ebenfalls an eine PD-Konstruktion gehen, an den Mercedes 115 PS, Grand-Prix-Typ 1914.[92]

[92] Daimler Benz AG (Hrsg.): »Die Renngeschichte der Daimler Benz AG und ihrer Ursprungsfirmen 1894–1939«. 2. Aufl., Stuttgart 1940, S. 116.

Die Mercedes-Rennwagen in Untertürkheim vor der Abfahrt zur Targa Florio im April 1922. Die Fahrer von links: Fernando Minoia und Paul Scheef auf dem Kompressor-Serienwagen Typ 1,5 Liter. Christian Lautenschlager auf dem 115-PS-Grand-Prix-Rennwagen. Max Sailer auf 28/95 PS mit Kompressor, Christian Werner im 28/95 ohne Kompressor und Otto Salzer ebenfalls auf dem 115-PS-Grand-Prix-Rennwagen.

Rückkehr der Targa-Florio-Sieger. Empfang der fünf mit Kränzen geschmückten Mercedes-Teilnehmer auf dem Werksgelände in Untertürkheim am 13.4.1922. Ganz links der 1,5-l-Kompressorwagen.

Insgesamt wurden von dem 1,5-l-Targa-Florio-Rennwagen nur drei Fahrzeuge gebaut. Von den verbleibenden 24 1,5-l-Motoren wurden 17 in das 2-l-Fahrgestell verbaut, drei kamen als Rennbootmotoren zum Einsatz, und ein Motor wurde in das normale 6/25/40-PS-Fahrgestell eingebaut.

Die Serienproduktion der nunmehr als 6/25/40 PS und 10/45/65 PS bezeichneten Typen lief im Frühjahr 1923 an, als PD die DMG schon verlassen hatte. Die Gründe für den Weggang können also ex post betrachtet nicht den geringen Verkaufszahlen beider Modelle angelastet werden. Neben den üblichen Angaben – Steuer-PS an erster, Motorleistung an zweiter Stelle – ist nun als dritte Zahl die Leistung mit eingeschaltetem Kompressor angegeben. Diese Modelle sind die Vorreiter einer beispiellos erfolgreichen Ära der Kompressoren bei Mercedes- und Mercedes-Benz-Fahrzeugen. Die sehr aufwändige Technik hatte jedoch ihren Preis. Die Mercedes-Kompressor-Wagen von Paul Daimler verkauften sich deshalb nur in relativ bescheidenen Stückzahlen. Produktionszahlen 1923 und 1924: vom 1,6-l-Modell ca. 360, vom 2,6 l ca. 850 Stück, insgesamt also 1210 Fahrzeuge. Die Gesamtproduktion der Jahre 1923/24 umfasste 2.353 Einheiten. Über die Hälfte aller verkauften Fahrzeuge waren Kompressor-Wagen, mithin die Verkäufe per se ergo eher schlecht. Ab 1920 ging es mit den Verkaufszahlen stetig bergab, erst 1925 erfolgte ein geringfügiger Anstieg.

Am Mercedes 6/40/65-PS-Rennwagen wurden 1922 auch verschiedene Experimente mit aerodynamisch optimierter Karosserie durchgeführt.

Auch Damen schätzten den Kompressor-Wagen als Sportgerät. Hier Ernes Merck mit Mercedes 6/25/40 PS, Sport-Zweisitzer.

Mercedes Sportwagen Typ 10/40/65 PS. Der Kompressor (ein zweiflügeliges »Rootsgebläse«) war stehend am vorderen Ende des Motors angeordnet.

Mercedes 6/40/65 PS, Sport-Zweisitzer, 1924.

Auch die Kompressor-Modelle präsentierten sich in unterschiedlichen Karosserievarianten, von der Pullman-Limousine bis zum Sport-Phaeton. Selbst ein Stadt-Coupé war vom 6/20 PS erhältlich. Das Spitzenmodell, der Mercedes 10/40/65, schlug als offener Tourenwagen mit 19.500 RM zu Buche.

Rudolf Caracciola, einer der erfolgreichsten Rennfahrer aller Zeiten, begann seine Rennfahrerkarriere mit dem Mercedes 1,5 l mit Kompressor[93] bei Berg- und Rundstreckenrennen. 1923 gewann er allein sechs Bergrennen (Münnerstadt, Pforzheim, Solitude, Pöhlberg, Schlesisches Bergrennen und Krähberg) und siegte bei der ADAC-Reichsfahrt in der Gesamtwertung der Tourenwagen sowie bei der »Fahrt durch Schlesiens Berge« in der Wertung der Industriefahrer.[94]

[93] Daimler Benz AG (Hrsg.): »Die Renngeschichte der Daimler Benz AG und ihrer Ursprungsfirmen 1894–1939«. Stuttgart 1940, S. 129.

[94] Vgl. Molter, Günther: »Rudolf Caracciola. Titan am Volant«. Stuttgart 1995, S. 195.

Karl Kappler am Steuer des 1,5-l-Mercedes-Rennwagens 6/25/40 PS.

Die letzte Konstruktion von Paul Daimler für die Daimler-Motoren-Gesellschaft war ein 2-l-Rennwagen. Der Wagen basierte auf dem 10/40/65-PS-Rennwagen. Das Chassis war fest mit dem Motor verschraubt, was dem Wagen zusätzliche Steifigkeit gab. Erstmalig gab es eine rollengelagerte Kurbelwelle und einen Ölkühler. Bei seinem ersten Einsatz in Amerika beim 500-Meilen-Rennen von Indianapolis erreichte Sailer den achten und Werner nur den elften Platz, da die abrupt einsetzende Leistung des Kompressormotors auf dem Ziegelstein-Oval nur schwer beherrschbar war.

Mercedes-Rennwagen-Motor von 1923, 2-l-Vierzylinder, 120 PS bei 4.500 U/min.

Mercedes-Indianapolis-Rennwagen mit Otto Salzer am Steuer und Beifahrer August Grupp nach dem Sieg beim Internationalen Prager Bergrennen, Königsaal–Jilowischt, 20.4.1924. Otto Salzers Siegerwagen hatte eine abgerundete Motorhaube und eine kreisrunde Kühlermaske, danach kam diese Karosserievariante nie wieder zum Einsatz.

Erstaunlicherweise initiierte der langjähriger Weggefährte Paul Daimlers, DMG-Vorstandsvorsitzender Kommerzienrat und Dr. h.c. Ernst Berge, zu Anfang der 1920er Jahre eine Intrige gegen PD, heute eher bekannt als Mobbing bzw. Bossing. Die Gründe dafür liegen wie so oft im Dunkeln. Zu vermuten sind Machtstreben und Eitelkeiten. Diese Entwicklung scheint schon 1920 eingesetzt zu haben, denn Paul Daimler litt an einem Burnout-Syndrom, und von Kaulla schreibt am 13. Januar 1920 an die Direktion der DMG, dass Baurat Daimler ihm ärztliche Atteste vorgelegt habe, die es für PD zwingend erforderlich machten, einen längeren Erholungsurlaub anzutreten. Diesen verbringt PD als Winterkuraufenthalt im bayrischen Hochgebirge. Erst in der DMG-Aufsichtsratssitzung Nr. 154 am 8. Juni 1920 ist PD neben seinen Vorstandskollegen Berge, Schippert, Sekler und Riebensahm wieder vertreten.

Am 22.10.1921 wird in der Aufsichtsratssitzung ein Beschluss gefasst, der PD zukünftig eine relative Absicherung beschert. Konkret lautet dieser: *»Die Vorstandsmitglieder haben bei Beendigung des zwischen ihnen und der Gesellschaft bestehenden Dienstverhältnisses, gleichviel aus welchem Grund diese Beendigung eintritt, gegen die Firma einen Anspruch auf Pension. Die Pension wird auf Dauer von 10 Jahren gewährt.«*[95]

Aufsichtsratsvorsitzender und damit Schiedsrichter bei eventuellen Anwürfen oder Streitigkeiten unter den Vorständen war zu dieser Zeit Alfred von Kaulla. Damals erinnerte die Rolle des Aufsichtsratsvorsitzenden mit seiner starken Einbindung in das operative Geschäft eher an die des heutigen Vorstandsvorsitzenden. So heißt es in *»§2 Statut für die Geschäftsführung der Daimler Motoren Gesellschaft[:]*

Die Rechte und Pflichten des Aufsichtsrats bestimmen sich nach dem Gesetz und dem Gesellschaftsvertrag. Dem Aufsichtsrat ist über alle bedeutenden Geschäftsvorfälle Bericht zu erstatten und überhaupt jede wichtige Angelegenheit zu unterbreiten. Von dem Aufsichtsrat werden die für die Geschäftsführung maßgebenden allgemeinen Grundsätze erörtert und festgelegt, die Rechnungsabschlüsse geprüft und die an die Generalversammlung zu machenden Vorlagen beraten und beschlossen. Der Berichterstattung, Beratung und Beschlussfassung dienen in erster Linie die allgemeinen Sitzungen des Aufsichtsrats. Bei Bedürfnis kann das Votum der Aufsichtsratsmitglieder auch brieflich, telegraphisch, telefonisch oder mündlich eingeholt werden.«[96] Im Schlussparagraphen 13 wurde gar festgelegt, dass der Vorstand Investitionen nur bis 500.000 RM bewilligen kann und darüber hinaus einzig der Aufsichtsrat entscheidet.

Berge intrigierte bei von Kaulla gegen PD mit der Behauptung, das Konstruktionsbüro habe nicht zweckmäßig und darüber hinaus auch zu langsam gearbeitet. Auch die Fähigkeiten von Paul Daimler als Konstrukteur stellt Berge in Frage, indem er behauptet, der 22/60-PS-Wagen sei unverkäuflich und habe zudem technische Mängel an der Lenkung. Auch hinsichtlich der Stahlzylinder und des Kompressors wurde Misstrauen ob deren Zukunftsfähigkeit gesät. Es begann, wie in solchen Fällen nicht selten üblich, ein Rechtfertigungsmarathon. Aus diesem Grund verfasste PD am 24. März 1922 eine Dokumentation hinsichtlich der Arbeitsschritte für den 230-PS-Sechszylinder-Flugmotor vom 2. August 1918 im Vergleich mit dem 6-Steuer-PS-Rennmotor von 1921. Wörtlich notierte PD:

»Die Überzeit Arbeit [am Sechszylinder-Flugmotor, d. Verf.] begann am 4. September 1918. Die Anfertigung von Zeichnungen für diese Type war am 5. Oktober 1918 beendet. Die Einschreibung erfolgte am 11.9.1918. Die erste Zeichnung kam am 9.9.1918, die letzte Zeichnung kam am 8.10.1918 in den Betrieb. Zur Konstruktion des Motors wurde demnach 9 Wochen und 2 Tage benötigt, während welcher 4 Wochen mit Überzeit gearbeitet wurde. Zur Verfügung standen für diese Arbeiten 17 Herren. Als Gegenbeispiel hiezu [sic.] kann der 6 Steuer-PS Rennmotor herangezogen werden. Die Arbeit an letzterem begannen am 8. November 1921 und endigten am 14. anuar 1922. Überzeitarbeit an dieser Konstruktion wurde zwei Wochen geleistet. Zur Verfügung standen 11 Herren. Somit wurde der Rennmotor ebenfalls in 9 Wochen fertiggestellt, wobei nicht außer Acht zu lassen ist, dass hierfür nur 2/3 der Herren gegenüber dem Flugmotor zur Verfügung standen, sowie, dass der Flugmotor in Bezug auf die Dauer der Konstruktions-Arbeit nicht verglichen werden kann mit einem Wagenmotor, bei dem mehr Apparate angeordnet werden müssen und bei dem die Raumverhältnisse viel beschränkter sind. Dass auf dem [sic.] Konstruktionsbüro heute noch mit demselben Eifer und Pflichtgefühl gearbeitet wird wie bei der Konstruktion des 230 PS Höhenmotors gearbeitet wird, beweist auch die Zusage an den Betrieb, dass der 2 Ltr. Rennmotor

[95] Aufsichtsratssitzung Nr. 163, 22.10.1921, Bestand Aufsichtsratsprotokolle DMG, Daimler Konzernarchiv.

[96] Aufsichtsratssitzung Nr. 150, 22.1.1920, Bestand Aufsichtsratsprotokolle DMG, Daimler Konzernarchiv.

Paul Daimler, hier wohl mit den Mitarbeitern seines Konstruktionsbüros.

und der neue 16/45 PS Schiebermotor bis Ende April bzw. Mitte Mai fertiggestellt wird. Mit dem Entwerfen des 2 Ltr. Motors wurde am 11. Januar begonnen, mit demjenigen des 16/45 PS am 14. Februar.«[97]

[97] Privatarchiv Schildbach. Bestand »Paul Daimler«, Dokumentation vom 24.3.1922, PD – A – 005.

Zudem streut Berge das Gerücht, PD käme seiner Personalverantwortung nicht nach, überdies sei es außerordentlich schwer, mit ihm zusammenzuarbeiten. PD gegenüber loyale Mitarbeiter wie den Oberingenieur Eugen Linck umging man und versuchte, diesen zu diskreditieren.

Am 27. März 1922 schrieb PD an den Aufsichtsratsvorsitzenden der DMG:
»Sehr geehrter Herr von Kaulla, die Art des Verlaufs der beiden letzten Besprechungen gibt mir Veranlassung, noch einmal schriftlich auf diese zurück zu kommen. Um jedes Missverständnis zu vermeiden, erkläre ich, dass ich eine Verständigung auf diesem Wege, wie ich dies ja schon seinerzeit Ihnen ausgesprochen hatte, für unmöglich ansähe. Auf meine rein sachlichen Beanstandungen wurde kaum eingegangen, dagegen haltlose Behauptungen aufgestellt, die bei näherer Untersuchung vollständig in sich zusammenfallen. Zum Beispiel ist die Angabe betreffs Differenz von 14 Monaten Zeitverlust, zwischen Einschreibung und Herausgabe der ersten Zeichnung, falsch; ebenso sind falsch: die Angaben über die Versuchsfahrten am Samstag, welche der letzten Besprechung vorausging und die Beteiligung meiner Herren an derselben, sowie deren Kenntnis von der Fahrt; Herr Dürrwächter hat überhaupt nicht an dieser Fahrt teilgenommen! Die Angaben über die Unbeliebtheit des Herrn Link bei den Meistern und bei Jedermann in der DMG sind unwahr laut meinen Feststellungen. Eine Anzahl Meister, die ich persönlich über die selbe Angelegenheit gehört habe, haben sich außergewöhnlich günstig über Herrn Link ausgesprochen und sind jederzeit bereit hier für einzutreten. Was die Über Zeitarbeit im Jahre 1918 gegen Bezahlung anbetrifft, so war die hier bei aufgewendete Gesamtzeit in keiner Hinsicht kürzer als die zum Beispiel bei dem 6/25 PS Rennmotor. Es handelte sich damals um die Konstruktion eines 230 PS Sechszylinder-Flugmotors (Höhenmotor) wofür die Arbeit sowohl bezüglich dessen Abmessungen, als auch dessen Apparateanordnung durch den diesen vorausgegangenen Arbeitsvorgang der Konstruktion, eines 285 PS Höhen Motors bereits geleistet war. Hiezu [sic.] bemerke ich noch, dass ein Rennmotor mit Allem was da drum und dran hängt fertig für den Wagen, komplizierter ist, als ein Flugmotor. Ganz besonders betone ich, dass damals nahezu die doppelte Anzahl Herren zur Verfügung standen, wie für diesen Motor. Also auch diese Beschuldigung des Konstruktionsbüros fällt in sich selbst zusammen. Des Weiteren möchte ich noch hier anfügen, dass die Abstimmung auf dem Konstruktionsbüro für Herrn Link folgendes Resultat ergab: von 38 Herren gaben 30 Zettel mit »beliebt« ab, sieben weiße Zettel und ein »unbeliebt«, letzterer wie sicher anzunehmen, einer welcher aus dem kurz vorher geschlossene Dienst Vertrag entlassen sein wollte und von Herrn Link und mir nicht freigegeben wurde. Nachdem es sich zufolge diese Anschuldigung doch um das eventuelle Weggehen einer Anzahl von Herren in der D.M.G handelt, die ihre unbestreitbaren, jederzeit nachweisbaren, um das Blühen und Gedeihen der DMG große Verdienste haben, sind solche Anschuldigungen derartig leichtfertig, dass ich nunmehr endgültig diese Art der Verhandlungen als abgebrochen ansehen muss und mich als frei betrachte außer der Aufsichtsrat tritt an mich mit präzisen Vorschlägen in schriftlich annehmbarer Form heran, die meinen, Ihnen aus früheren Schriftverkehr und Verhandlungen bekannten Wünsche Rechnung tragen und die auch endlich meinen pekuniären Forderungen gerecht werden. Die Rechtfertigung meiner und des Konstruktionsbüros Arbeiten werde ich mir zu verschaffen wissen, trotz aller gegenseitiger Versuche. Das mir heute Nachmittag von Herrn Berge übersandte Schreiben betreffend, möchte ich erklären, dass ich mit Letzterem über eine Reorganisation des Konstruktionsbüros nicht zu verhandeln gedenke, da meines Erachtens eher alle anderen Abteilungen der DMG einer solchen bedürfen, und nicht das Konstruktionsbüro. Es scheint allseitig eine vollständige Verkennung der Tatsachen, insbesondere der Beweggründe vorzuliegen, die mich zu meinem Verhalten veranlassen; die Tatsachen werden ins Gegenteil verkehrt, aus demjenigen, der reorganisieren wollte, wird der Reorganisierte, aus dem Ankläger wird der Angeklagte. Ich möchte dies hiermit ein für alle Mal feststellen und dagegen schärfsten Protest einlegen. Neu ist mir überhaupt, dass der Aufsichtsrat eine Reorganisation des Konstruktionsbüros als unbedingt notwendig findet und angeordnet hat, dementsprechend bitte ich meinen gegensätzlichen Standpunkt demselben bekannt geben zu wollen. Mit vorzüglicher Hochachtung ihr sehr ergebener Paul Daimler«[98]

Paul Daimler fühlte sich über die Jahre unverstanden, weil seine *»weitsichtigen Anregungen und Warnungen«*, so bemerkt er selbst, nicht berücksichtigt und im Gegenteil seine Befugnisse beschränkt wurden. Er verübelte es dem Aufsichtsrat, dass dieser einerseits seine pekuniären Forderungen ablehnte, andererseits aber die Stellung von Berge – aus Daimlers Sicht ungerechtfertigt – stärkte, den er als den eigentlich Schuldigen an der Situation ausmachte. Er formulierte dies wie folgt: *»Den Ausschlag gab, dass durch den sogenannten Fall ›Daimler‹ und die unheilvollen Folgen der Verkaufsverträge die Lage der DMG immer schwieriger wird; man versucht nunmehr die Schuld*

[98] Privatarchiv Schildbach. Bestand Paul Daimler, Schreiben vom 27.3.1922 von PD an den Aufsichtsratsvorsitzenden der DMG, von Kaulla, PD – A – 005.

nach irgendeiner anderen Seite abzuwälzen und wie schon so oft, muss das Konstruktionsbüro jetzt wieder herhalten.«[99]

Nach nunmehr 25 Jahren Tätigkeit für die DMG fühlte sich PD vom Verhalten des Vorstandsvorsitzenden, aber auch vom Aufsichtsrat gedemütigt. Dies machte die Verärgerung so groß, dass PD zum 1. April 1922 kündigte, übrigens zum gleichen Datum wie sein Vorgänger Wilhelm Maybach 15 Jahre zuvor. Anders als dieser übermittelte er der Gesellschaft nachträglich noch folgenden Forderungskatalog: *»Die Daimler-Motoren-Gesellschaft hat mir in Raten für eine Reihe von Jahren als nachträgliche Entschädigung für zu geringes Gehalt eine entsprechende Gesamtsumme zu zahlen. Die Daimler-Motoren-Gesellschaft hat mich zu entschädigen als Buße für das unerhörte Herumziehen des Namens Daimler in der Angelegenheit mit dem Reich. Die Daimler-Motoren-Gesellschaft tritt mir von meinen Schutzrechten noch zu vereinbarende ab, von welchen ich weiß, dass sie nicht genügend Sachwertung finden.«*[100]

Diese Kündigung des Namengebers der Firma erschreckte Aufsichtsrat und Vorstand nicht unerheblich, und so versuchte man, die weitere Mitarbeit von PD durch das Angebot eines eigenständigen Konstruktionsbüros zu erhalten. Der äußerst großzügige Vertragsentwurf dazu liegt bis heute vor. Dabei sicherte man PD freie Hand in der Auswahl der Projekte zu, allerdings mit der Einschränkung, dass die von der DMG-Direktion als vordringlich bezeichneten Aufgaben in erster Linie zu bearbeiten waren. Die Kosten für Gebäude und Einrichtung des Konstruktionsbüros wollte die DMG übernehmen. Als Mitarbeiter, die ebenfalls von der DMG bezahlt werden sollten, wurden drei Ingenieure, drei technische Hilfskräfte, drei Zeichner und eine Hilfskraft für Schreib- und Registraturarbeiten sowie ein Aufwärter vorgesehen. Diesem Büro sollte laut Vertrag eine entsprechend eingerichtete Versuchswerksatt angegliedert werden. Hier bestand die projektierte personelle Besetzung aus jeweils einem Vorarbeiter, Monteur, Schlosser und Flaschner, wobei je nach Auftragslage auch mehr Mitarbeiter engagiert werden sollten. Vorgesehen war ebenso eine Reisekostenerstattung, zudem sollte ein Automobil nebst Fahrer zur Verfügung stehen, wobei PD die Auswahl des Wagens überlassen werden sollte. Dafür sollte die DMG über alle Erfindungen, Konstruktionen und Verbesserungen ohne zusätzliches Entgelt verfügen können. Allerdings wurde gestattet, bei Patenten den Erfinder selbst zu benennen. Selbstverständlich enthielt der Vertrag auch eine Konkurrenzausschlussklausel. Laut Vertrag wurden PD und sein Oberingenieur nicht Beamte (d. h. leitende Angestellte) der DMG und waren somit auch an keine arbeitszeitlichen Vorgaben gebunden. Zudem wurde PD ein Aufsichtsratsmandat angetragen, was gleichsam ein Junktim bezüglich des Vertrags darstellte und im Falle der Aufgabe desselben zur sofortigen Auflösung führen sollte. Die Vertragslaufzeit war zunächst bis zum 30. Juni 1923 geplant und sollte unter Einhaltung einer vierteljährlichen Frist jährlich kündbar sein.

Es ist schwer zu verstehen, warum PD diesen großzügigen Vertrag ausschlug, der ihm berufliche und finanzielle Unabhängigkeit beschert hätte. Zudem wäre er als Aufsichtsrat in die Fußstapfen seines Vaters getreten und so dem väterlichen Unternehmen verbunden geblieben. Art und Umfang der vorangegangenen Kränkungen mussten also sehr nachhaltig gewesen sein.

Als klar wird, dass sich Paul Daimler nicht auf die Zusammenarbeit mit der DMG in einem selbständigen Konstruktionsbüro einlassen würde, schrieb ihm der Vorstandsvorsitzende Ernst Berge am 27. Juli 1922: *»Sehr geehrter Herr Baurat! Herr von Kaulla hat uns Ihren Brief vom 15. Juli d.Js. zur Kenntnisnahme und Erledigung überwiesen. Wir haben daraus zu unserem lebhaften Bedauern entnommen, dass Sie sich nach anderer Seite gebunden haben. Inzwischen haben wir weiter auch gehört, dass die Firma, der Sie sich zugewandt haben, ein direktes Konkurrenzunternehmen ist. Dadurch ist – wenigstens objektiv – die Gefahr nahegebracht, dass die beiderseitigen Interessen kollidieren; wir zweifeln aber nicht, dass bei den Grundsätzen, die Sie selbst übereinstimmend mit uns stets bestätigt haben, sich auch diese Gefahr vermeiden lassen wird. Nachdem Sie so viele Jahre Ihre Kraft dem Gedeihen unserer Firma gewidmet haben, tut es uns leid, zu sehen, dass der von uns allen geteilte Wunsch nach einem weiteren Zusammenarbeiten sich nicht mehr verwirklichen lässt. In diesem Augenblick, da sich nun unsere Wege trennen, möchten wir nicht unterlassen, Ihnen für die ersprießliche Mitarbeit, durch die unsere Firma so mannigfache Förderung erfahren hat, unseren herzlichen Dank auszusprechen.«*[101]

[99] Privatarchiv Schildbach. Bestand Paul Daimler, Schreiben an den Vorstand der DMG vom 27.3.1922.
[100] Ebenda.
[101] Privatarchiv Schildbach. Bestand Paul Daimler, Brief von Ernst Berge an Paul Daimler. PD – A – 005.

1922–1930

Paul Daimler als Horch-Konstruktionschef bei der Argus-Motoren-Gesellschaft. Einer der ersten und erfolgreichsten deutschen Achtzylinderwagen entsteht bei Horch.

Paul Daimler im offenen Tourenwagen des Typs 303.

Die Idee, ein eigenes Konstruktionsbüro zu gründen, geht PD 1922 an, allerdings nicht mit der DMG. Das Vertrauen in die dortigen Akteure war aufgrund des bislang Vorgefallenen nachhaltig zerstört. Nun also ein neuer Partner, der ebenfalls Techniker war. Dr. Moritz Straus[102], der seit 1916 die Argus-Motoren-Gesellschaft leitete, konzentrierte seine unternehmerischen Aktivitäten wie viele andere aus dem ehemaligen Flugmotorenbau nach dem Ersten Weltkrieg auf das Automobil, und er war auf der Suche nach einem Fachmann in Sachen hochwertiger Konstruktion eines Fahrzeugs der Oberklasse. Zwar erfolgte noch eine Intervention seitens des Direktors der Deutschen Bank, als Emil Georg von Stauss versuchte, PD vertraglich bei der DMG zu halten, aber dieser teilte seine anderweitig gemachte vertragliche Bindung mit. Im ersten Vertragsentwurf vom 30. Juni 1922 war als Standort des Konstruktionsbüros noch Stuttgart und Umgebung vorgesehen. Letztlich wurde Cannstatt als Standort gewählt. Der Vertrag ähnelte stark dem Kooperationsangebot der DMG, auch bei der Argus-Motoren-Gesellschaft mbH sollte Daimlers Konstruktionsbüro mit Oberingenieur Eugen Linck weitestgehend eigenverantwortlich agieren. Als Honorierung waren für PD 25.000 Mark monatlich plus eine Aufwandsentschädigung von 15.000 Mark vorgesehen. Ein erster Beratervertrag mit PD war dann auf den 1. Juli 1922 datiert. In einem Protokoll einer Besprechung vom 22. Juli 1922 zwischen Baurat Daimler, dem Direktor der Horch-Werke Oberingenieur Wilhelm Wenske und Generaldirektor Dr. Moritz Straus in Zwickau wurde festgelegt, das Konstruktionsbüro in Zwickau auf das Allernotwendigste zu reduzieren und das Konstruktionsbüro in Berlin- Reinickendorf zu erweitern. Zudem mussten beide Büros ihre Konstruktionszeichnungen PD zur endgültigen Abnahme vorlegen. Da dieser zu jenem Zeitpunkt seinen Arbeitsschwerpunkt in Cannstatt hatte, waren faktisch drei Büros zu versorgen.

102 Moritz Straus wurde am 18. März 1882 in Bruchsal geboren, er starb am 19. Januar 1959 in Zürich. Als er im Rahmen der Arisierung 1938 gezwungen wurde, die Argus-Motoren-Gesellschaft zu verkaufen, emigrierte er in die Schweiz.

Paul Daimler.

Oberingenieur Wilhelm Wenske.

Eines der wenigen Fotos, die von Dr. Straus (ganz rechts) noch existieren, hier zusammen mit der Sportfahrerin Madeleine von der Heydt im Jahr 1931.

Der eigentliche Vertragsbeginn zwischen der Argus-Motoren-Gesellschaft mbH und PD war auf den 1. August 1922 datiert. Dass dies bei der Horch-Direktion nicht auf ungeteilte Zustimmung stieß, zeigte ein Schreiben von Straus an PD:

»Ihr Schreiben vom 10.ds.Mts. nebst Ihren Ausführungen zu den verschiedenen Schreiben von Herrn Wenske und seinem Ihnen eingesandten Protokoll habe ich erhalten und von Ihren Mitteilungen mit Interesse Kenntnis genommen. Trotzdem bitte ich Sie, Ihre Erwiderung nicht an die Technische Direktion in Zwickau einzusenden, und zwar aus dem Grunde, weil dadurch die Herren in Zwickau wieder veranlasst würden, neue Erwiderungen auszuarbeiten und erst recht nicht zu ihren Arbeiten, welche dringend notwendig

Der neue Wohnsitz der Familie Daimler in Berlin.

sind, kommen würden. Die Herren in Zwickau schreiben, wie ich Ihnen bereits mitgeteilt habe, an und für sich zu viele Briefe und Protokolle in dieser Angelegenheit anstatt sich darum kümmern, ihre Wagen in Ordnung zu bringen. Ich fahre heute Abend nach Zwickau und werde gerade diese, meine Meinung den Herren gegenüber gehörig zum Ausdruck bringen. Schon das letzte Protokoll von Herrn Wenske, habe ich, wie Ihnen bekannt, ihm zurückgeschickt, ohne dasselbe überhaupt vollständig gelesen zu haben und ihm mitgeteilt, dass er sich mit dem von mir verfassten Protokoll begnügen müsse. Was die Sache selbst anbetrifft, so kennen Sie meine Meinung, dass die Herren in Zwickau in dieser Angelegenheit absolut im Unrecht und Sie durchaus im Recht sind.«[103]

Zwischen Straus und Daimler bestand nicht nur ein enges berufliches Vertrauensverhältnis, sondern man verkehrte auch auf privater Ebene miteinander. In den Briefen von Straus an PD lässt sich das große Vertrauen herauslesen, das er in Paul Daimler hinsichtlich der Mammutaufgabe hatte, Horch produktseitig und arbeitstechnisch grundlegend neu zu strukturieren.

Nach den Querelen mit dem Zwickauer Konstruktionsbüro forcierte PD den Trend zur Konzentration der Konstruktionsarbeit und schrieb am 10. Januar 1923 aus Cannstatt an Straus:

»... sehe ich mich immer mehr veranlasst, in dieser Angelegenheit einen, entgegen meinem früheren, noch extremeren Standpunkt einzunehmen, da ich immer mehr in der Auffassung bestärkt werde, dass wir durch diese Zentralisierung tatsächlich viel überflüssige, oder besser gesagt, unrichtig disponierte Arbeiten an Entwürfen und Konstruktionen, wie solche im Werk Zwickau wiederholt aufgegeben worden sind, sparen und die dafür so sehr dringenden und sich immer mehr anhäufenden Arbeiten im Zentralbüro Reinickendorf und hier um so viel rascher erledigen können, je rascher wir sämtliche uns zur Verfügung stehenden Kräfte zentralisieren.«[104]

Im Verlauf der Verhandlungen drängte Straus aber darauf, PD und seine Mitarbeiter nach Berlin zu holen. PD vertraute dabei nicht nur auf ehemalige Mitarbeiter aus DMG-Zeiten, sondern engagierte auch andere Talente wie beispielsweise den Gestalter und Konstrukteur Walter Häcker, den er bei der Wagenkörperfabrik (Wakö) der Deutschen Werke in Berlin Spandau abwerben konnte.[105]

Der Umzug nach Berlin erfolgte im Verlauf des Jahres 1923. 1925 kaufte PD ein Haus in Berlin-Dahlem, Auf der Grat 20, und diesen Erwerb finanzierte er mit Verkäufen seiner Stuttgarter Immobilien und Latifundien. Er selbst konstatierte, dass ihn diese Transaktionen während der Inflationszeit 1923 um einen großen Teil seines Vermögens gebracht hätten. Als Folge ausgesetzter Reparationszahlungen hatten französische und belgische Truppen das Ruhrgebiet besetzt und in Folge damit eine Hyperinflation ausgelöst. Erst ab 1924 hatte Deutschland wieder eine stabile Währung.

In der Kleiderwahl wirkte Paul Daimlers Auftritt in Berlin indes entspannter als der in Württembergischen Gefilden. Der Vatermörder wich dem Umlegekragen, der Bowler dem Borsalino. Alles noch immer höchst elegant, doch jetzt auch ein wenig modisch lässig.

Grundsätzlich war es für die weitere Entwicklung der Horch-Werke AG von Vorteil, dass Dr. Moritz Straus, Vorstand der Argus-Motoren-Gesellschaft mit Sitz in Berlin-Reinickendorf, die Aktienmehrheit 1920 übernommen hatte. Horch gehörte mit zu den ältesten deutschen Automobilmarken, und August Horch selbst zu den Pionieren des Kraftfahrzeugs. Von Mai 1896 bis Oktober 1899 hatte er bei Benz & Co. Rheinische Gasmotoren-Fabrik, der ältesten deutschen Automobilfabrik, als Betriebsleiter gearbeitet. Im November 1899 eröffnete er einen Reparaturbetrieb in Köln-Ehrenfeld unter dem Namen A. Horch & Cie., der ab 1900 begann, die ersten Fahrzeuge zu bauen. Horch war auch als Techniker und Entwickler erfolgreich, so hatten seine Automobile schon einen vorne liegenden Motor, eine vom Fahrgestell getrennte Karosserie und eine Reibungskupplung. Auch bei der Einführung des Kardanantriebs im Fahrzeugbau war er einer der ersten. 1902 dann siedelte das Unternehmen aus ökonomischen und Platzgründen nach Reichenberg im Vogtland um. Dort baute Horch unter dem Firmennamen »August Horch & Cie. Motor und Motorwagenbau« seinen ersten Vierzylindermotor. Der Wagen wurde 1904 auf der Automobilausstellung in Frankfurt a.M. präsentiert. Im gleichen Jahr zog die Firma erneut um, diesmal nach Zwickau in Sachsen. Es erfolgte die Umwandlung in eine Aktiengesellschaft mit einem Stammkapital von 350.000 Mark. Der Firmenname nun: »August Horch Motorwagenwerke AG«. Die Belegschaftsstärke betrug ca. 100 Arbeiter, die die 20-PS- und 40-PS-Vierzylinder-

[103] Privatarchiv Schildbach: Brief von Dr. M. Straus an PD, 15.1.1923, Bestand PD – A – 014.
[104] Privatarchiv Schildbach: Brief von PD an Dr. M. Straus, 10.1.1923, Bestand PD – A – 014.
[105] Vgl. Privatarchiv Schildbach: Brief von PD an Dr. M. Straus, 10.8.1922, Bestand PD – A – 014.

Mit dem Typ 10/35 PS kreierte Horch einen Einheitstyp.

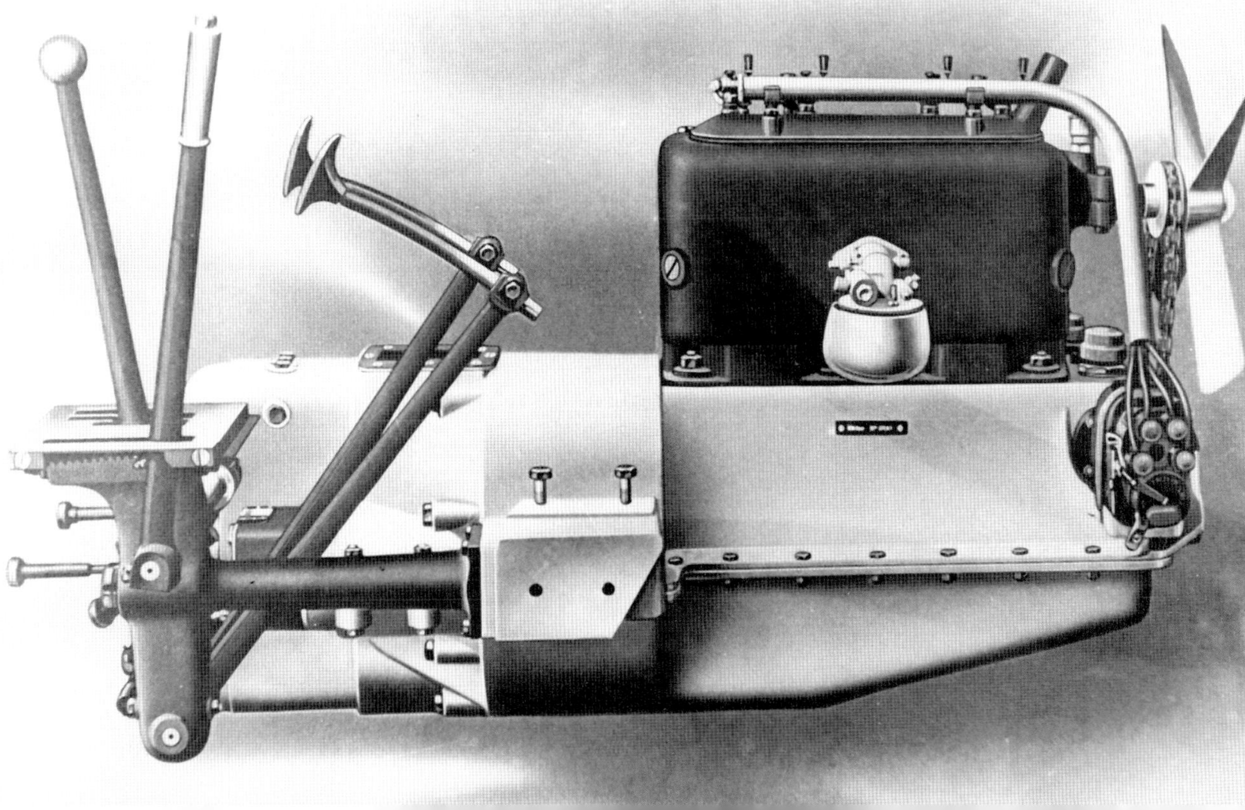

Der Vierzylindermotor des 10/35 PS.

Den Horch 10/35 PS gab es in verschiedenen Karosserievarianten, hier als Phaeton …

… und hier als Stadt-Coupé.

Modelle fertigten. 1908 wurden etwa 100 Personenwagen produziert. Differenzen mit dem Aufsichtsrat führten dazu, dass Horch sein Unternehmen 1909 verließ. 1918 erfolgte eine erneute Umbenennung in »Horchwerke AG Zwickau«.
Die Aktienmehrheit an der Argus Flugmotorenwerke GmbH gehörte Dr. Moritz Straus, und unter dem Verdikt des Versaillers Vertrags (Flugzeug- und Flugmotorenfabrikation waren passé) übernahm er die Aktienmehrheit bei der Horchwerke AG. Seine Produktstrategie zielte eindeutig auf die Überwindung der Typenvielfalt. Es wurden nach dem Ersten Weltkrieg acht Personenwagen- und drei Lastwagen-Typen produziert, ausnahmslos Vorkriegsmodelle, diese sollten einem einzigen effekti-

Dieser von PD überarbeitete Vierzylindertyp war der Vorläufer für die Achtzylinder-Modelle.

ven Modell weichen. Zur gleichen Zeit wurde aber schon an einem Nachfolgetyp gearbeitet.

Die Bandbreite der alten Produktpalette reichte vom 6/18 PS mit 1,6 l Hubraum bis zum 33/80 mit nicht weniger als 8,5 l. Diese Typeninflation überalterter Konstruktionen bestand bis 1922. Dies zu verändern, beauftragte Straus den Schweizer Konstrukteur Arnold Zoller, im Dienst der Argus-Motoren-Gesellschaft stehend, mit der Konstruktion eines Einheitstyps. Zoller hatte daraufhin drei Motortypen entwickelt, von denen sich Straus dann schließlich für den billigsten entschied. Der so entstandene 10/35-PS-Wagen (Typ 10 M 20) war mit seitlicher Nockenwelle und seitlich stehenden Ventilen eine altbackene Konstruktion, die bei einem Hubraum von 2,6 l 35 PS erreichte. Mit einem Wagengewicht von 1.300 kg erreichte der 10/35 PS eine Höchstgeschwindigkeit von 80 km/h. Oswald dazu: *»Dieser ab 1922 gebaute Einheitstyp zeichnete sich zwar durch fortschrittliche Merkmale aus, doch fehlte ihm die notwendige Reife und Zuverlässigkeit. Den Motor gab es übrigens in drei Versionen, nämlich in der serienmäßigen Machart als Seitenventil-Vierzylinder, ferner mit gleichen Abmessungen als Vierzylinder- und als Sechszylinder-Königswellenmotor. Von den beiden letzteren Ausführungen wurden jedoch nur wenige Exemplare angefertigt.«*[106] Dieser kritischen Einschätzung stand allerdings entgegen, dass fast 1000 Exemplare dieses Typs gebaut wurden.

Als Paul Daimler am 1. August 1922 die Nachfolge von Zoller als Argus-Chefkonstrukteur antrat, war dies mit der Verpflichtung verbunden, die Modellpflege bei den Horch-Automobilen als Berater sicherzustellen. Der Vertrag wörtlich: *»Ferner sind Sie verpflichtet, sowohl uns als auch die uns nahestehenden Horchwerke Aktiengesellschaft technisch zu beraten und eine Wahl in den Aufsichtsrat der letzteren anzunehmen und während der Dauer des Vertrages den Posten nicht niederzulegen.«*[107] PD unterzog den 10/35 PS einer umfassenden Überarbeitung, wobei er als Basis auf die Zollersche OHC-Version zurückgriff. Der Motor bekam hängende Ventile, die über eine obenliegende Nockenwelle betätigt wurden. Der Nockenwellenantrieb erfolgte über eine Königswelle mit Kegelrädern. Bei gleichem Bohrung-Hub-Verhältnis leistete der Motor nun 50 PS bei 2.800 U/min, was dem mit 1.870 kg deutlich schwereren Tourenwagen zu einer V_{max} von 95 km/h verhalf. Der Horch 10/50 PS (Typ 10 M 21)[108] wurde werkseitig ausschließlich mit einer sechssitzigen Karosserie aus Eigenfertigung angeboten, bevorzugte man eine andere Karosserie, musste man sich an externe Karosseriebauer wenden. Überdies war der 10/50 einer der ersten deutschen Serienwagen mit Vierradbremse. Allerdings gab es keinen Bremsausgleich zwischen Vorder- und Hinterrädern, sondern nur einen innerhalb der jeweiligen Räderpaare. PD hierzu in einem Schreiben an Straus: *»Es interessiert mich sehr, wie sich Prof Becker zu Frage des Bremsausgleichs stellen wird. Ich bin ja nach wie vor der Ansicht, dass der Bremsausgleich eine vielmehr schädliche als nützliche Einrichtung ist und eine sehr überflüssige Komplikation darstellt, die gerade die Nachteile hat, die durch diese Einrichtung vermieden werden sollten.«*[109]

[106] Oswald, Werner:» Deutsche Autos 1920–1945«. Stuttgart 2019, S. 222.
[107] Privatarchiv Schildbach. Vertragsentwurf zwischen der Argus-Motoren-Gesellschaft mbH und Paul Daimler vom 30.6.1922.
[108] In einem internen Besprechungsprotokoll vom 27.2.1926 firmierte der Wagen unter der Baureihenbezeichnung 10 M 21.
[109] Privatarchiv Schildbach: Memorandum von PD an Dr. M. Straus, Bestand PD – A – 014.

Aber dies waren nur die Präliminarien für eine größere Aufgabe, durch die es Horch gelingen sollte, sich an die Spitze der deutschen Oberklassewagen zu setzen. Der Horch 8, dessen Motor intern als PD 8 bezeichnet wurde, war der erste in Serie gefertigte deutsche Achtzylinderwagen. Der schon im Herbst 1923 annoncierte Hansa-Lloyd, Typ Trumpf Ass 18/100 PS, der ebenfalls über eine modere Technik mit Motorblock aus Aluminium, obenliegender Nockenwelle mit Antrieb über Königswelle, Vierradbremse, Mittelschaltung und Linkslenkung verfügte, wurde erst 1926 in geringer Stückzahl von etwa 75 Exemplaren in Serie gefertigt. So tönte denn auch die Horch-Propagandaabteilung: *»Horch 8, der erste deutsche Achtzylinder den man kaufen kann!«* Dass PD mit seinem Achtzylinder-Konzept genau richtig gelegen hatte, bewiesen die Konkurrenten. 1928/29 präsentierten schon zehn verschiedene deutsche Unternehmen zwölf unterschiedliche Achtzylindertypen. Auch die Daimler-Benz AG[110], Nachfolgeunternehmen der Daimler-Motoren-Gesellschaft, präsentierte mit dem Mercedes-Benz Typ Nürburg (W 08/4) 1929 ihren ersten Achtzylindertyp, um sich von diesem Kuchen auch ein Stück abzuschneiden.

[110] Den ersten Schritt sollte die am 1.5.1924 beschlossene Interessengemeinschaft zwischen der Firma Benz & Cie. und der Daimler-Motoren-Gesellschaft bilden. Oberstes Organ der Verbindung war der Interessensgemeinschaftsausschuss, dessen Vorsitz Emil Georg von Stauss einnahm. Der Vertrag, der beide Unternehmen nun schon als wirtschaftliche Einheit auffasste, verpflichtete zu einer gemeinsamen Modellpolitik. Auch die Vertriebsaktivitäten für die Marken »Mercedes« und »Benz« übernahm nun eine neu gegründete »Mercedes-Benz Automobil GmbH«. Unterschiedliche Auffassungen gab es allerdings in der strategischen Ausrichtung des Unternehmens. Während Stuttgart eine Diversifizierungsstrategie in Richtung Schiffs- und Flugmotoren anstrebte, wollte man in Mannheim zuallererst die Konkurrenzfähigkeit auf dem Automobilsektor wiedergewinnen. Im Rückblick lässt sich konstatieren, dass sich die Benz'sche Intention durchsetzte. Der am 5.5.1925 erfolgte Vorstandsbeschluss legte fest, dass sich Mannheim auf die Produktion von Zweiliter- Personenwagen beschränken sollte, während Untertürkheim die Vier- und Sechsliter-Wagen-Produktion oblag. Ein ähnliches Agreement ergab sich für die Nutzfahrzeugproduktion. Gaggenau sollte Lkw unter vier Tonnen, Marienfelde die über vier Tonnen produzieren. Zudem wurde eine einheitliche Konstruktionsabteilung ins Auge gefasst und der Karosseriebau in Sindelfingen zentralisiert. Am 12.6.1925 stellte Otto Wolff in seiner Eigenschaft als Mitglied des Aufsichtsrates von Benz den Antrag auf Einleitung der Fusion. Unterstützt wurde er dabei vom Leiter der Rheinischen Kreditbank, Carl Jahr, und Emil Georg von Stauss, so dass schon Ende Juli 1925 der Gesamtvorstand der zukünftigen Gesellschaft zusammentrat. Zur endgültigen Fusion der Daimler-Motoren-Gesellschaft und der Firma Benz & Cie., die seit zwei Jahren in einer Interessengemeinschaft verbunden waren, kam es am 28./29.6.1926. Die so neu entstandene Daimler-Benz AG mit Sitz der Gesellschaft in Berlin-Charlottenburg hatte ihre Zentralverwaltung in Untertürkheim.

Auch Hansa Lloyd hatte einen Achtzylinderwagen konstruiert.

Der Horch 303 war der erste lieferbare deutsche Achtzylindertyp.

Schnittzeichnung des PD-Achtzylindermotors.

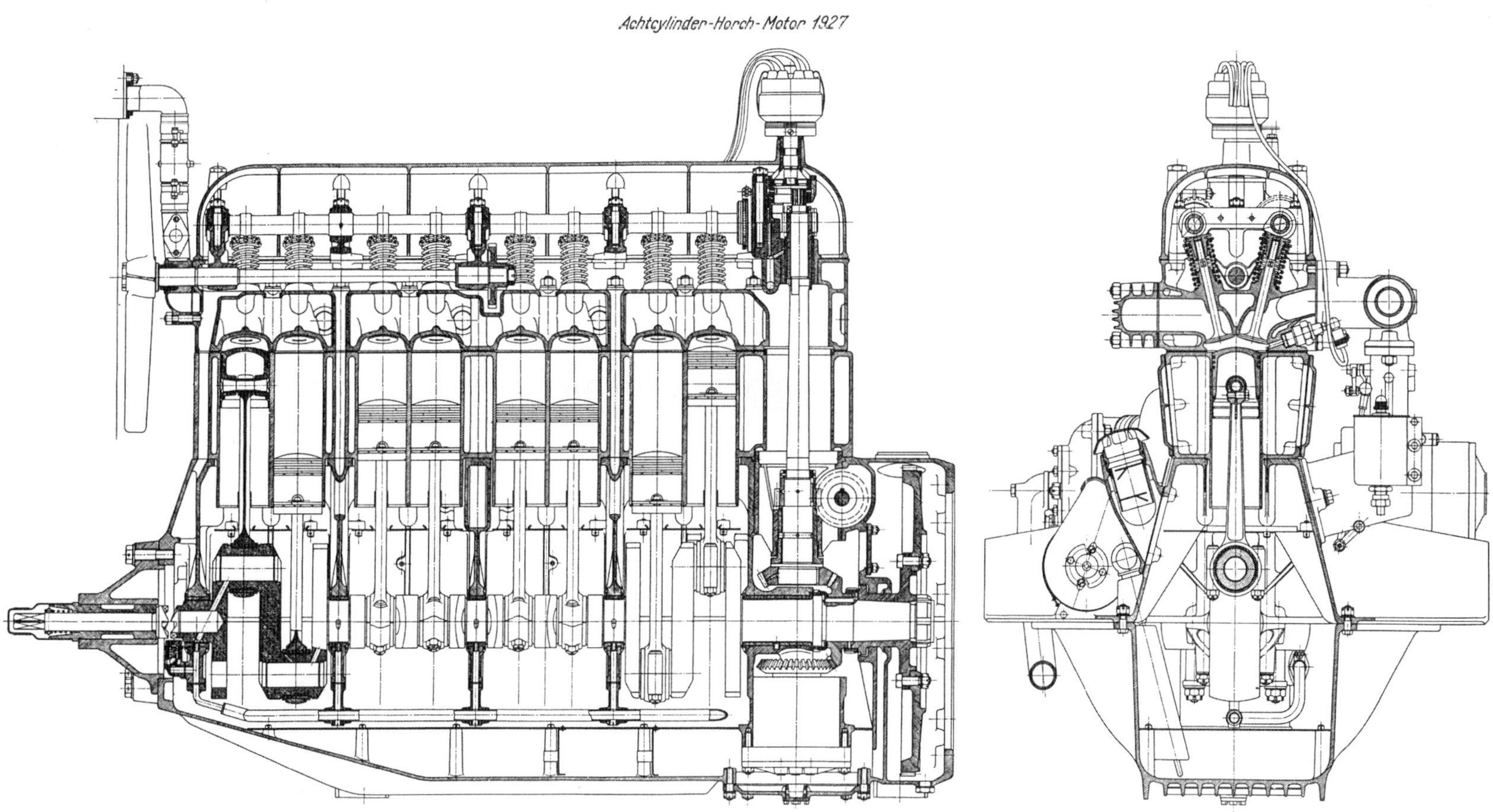

Im Frühjahr 1926 arbeitet die Argus-Motoren-Gesellschaft mit Hochdruck an der Fertigstellung des Achtzylinders. In einer Notiz über die Wasserbremse Liebel heißt es: *»Weitere Versuche mit dieser Bremse sollen der außerordentlichen Dringlichkeit der P.D.8 Serienmotoren halber, erst späterer Zeit vorbehalten bleiben. Auf besonderen Wunsch von Herrn Dr. Straus sind alle Versuche, die nicht in direktem Zusammenhang mit der Fertigstellung der P.D. 8 12 PS Serien-Motoren stehen, der Kosten wegen zurückgestellt werden. Beispielsweise auch die Versuche mit dem verstärkten P.D. 8.«*[111]

Die konstruktiven Details wurden aus heutiger Sicht auf höchster Ebene verhandelt. So nahmen an einer Besprechung am 1. Februar 1926 für die Änderungen zum Baujahr 1927 nicht nur die Oberingenieure Linck und Beck sowie Betriebsleiter Flohr teil, sondern auch PD und Dr. Straus. Das Besprechungsprotokoll vermerkte:

»Es wurde bestimmt, dass der P.D. 8 Motor unter Einhaltung der bisherigen Baulänge auf 13 Steuer PS zu bringen ist. Für die Zylinderbohrung wurde ein Durchmesser von 67 mm, für den Hub das Maß 120 mm festgelegt entsprechend 12,92 = 13 Steuer PS. Infolge der größeren Zylinderdurchmesser und Beibehaltung der Zylinder-Entfernungen, wurden die Mittelwände auf 3¼ bis höchstens 4 mm verkleinert, was vom Konstruktions-Büro als reichlich schwach im Hinblick auf eine serienweise Herstellung beanstandet wurde. Ebenfalls wurden Bedenken geäußert, die Zylinderbüchsen schwächer besonders unter 2¼ mm auszuführen. Diese Bedenken wurden von Seiten der Betriebsleitung der Versuchsabteilung der A.M.G. nicht geteilt. Eine Wandstärke von 3½ mm für die Zylinderwand sowohl als eine solche für die Zylinderbüchsen von 2 mm werden betriebsseitig als vollkommen ausreichend angesehen.«[112]

Mit dem Horch 8 Typ 303 legte das Unternehmen eine Punktlandung hin. Die Präsentation auf der Berliner

[111] Privatarchiv Schildbach: Bericht vom 24.2.1926, Neue Wasserbremse Liebel betreffend. Bestand PD – A – 014.

[112] Privatarchiv Schildbach: Bericht Besprechung vom 1.2.1926. Bestand PD – L – 001 bis 002.

Fahrgestell mit Motor des Horch 303.

Automobilausstellung Ende 1926 war ein automobiler Paukenschlag. Geradezu euphorisch annoncierte H. G. Bock in der »Allgemeinen-Automobil-Zeitung« (AAZ) den Horch 8 von PD:
»Wir haben in unseren Berichten von der Berliner Automobil-Ausstellung von mancherlei Clous gesprochen, die aus dem technischen und wirtschaftlich so erfreulichen hohen Durchschnitt der Ausstellung als Besonderheiten hervorragten. Als ›Clous‹ die Fachleute und Laien, ernsthaft Interessierten (lies Käufer) wie auch ›Sehleute‹ anzogen und beschäftigten. Einer von diesen Anziehungspunkten war der neue Horch-Achtzylinder, welcher der außerordentlichen Entwicklung der deutschen Automobilindustrie schon wieder um zwei große Schritte voraus ist. – Der eine Schritt Vorsprung ist ein technischer. Horch hält wenigstens bezüglich des Klasse-Wagens auch den Sechszylinder (die typische Erscheinung der diesjährigen Ausstellung) nur für eine Übergangsstufe zum Achtzylinder, der dem Sechszylinder noch um einiges, speziell im gleichmäßigen, lautlosen Lauf des Motors, überlegen ist. Der Stand bzw. die Entwicklung der amerikanischen Automobilindustrie geben ihm hierbei recht. In dieser Erkenntnis geht Horch unter Beibehaltung seines bewährten 10/50-PS-Vierzylinders zum 12-Steuer-PS-Achtzylinder über.« Und er schließt seine Betrachtung: *»Er hat auch als Besonderheit ein reizendes Armaturenbrett, in dem die wichtigsten Instrumente: Schaltkasten, Tachometer mit Kilometerzähler, Achttageuhr und Ölmanometer – übersichtlich angeordnet – indirekt beleuchtet werden. Man wird mir nun wohl zugeben müssen, dass die Horchwerke mit ihrem ›Horch 8‹ zwei Riesenschritte voraus sind ... Der konstruktiven Begabung Paul Daimlers, der Konzentration des Werks auf den neuen Typ, der Anwendung wirtschaftlichster Arbeitsverfahren (Fließarbeit) bei der maschinellen Fertigung und Montage – ist zu danken, dass eine Schau von so restlos hohem Niveau wie die Deutsche-Automobil-Ausstellung 1926 einen Glanzpunkt wie den ›Horch 8‹ aufweisen kann.«*[113]

[113] Bock, H.G.: »Fortschritt im Automobilbau«. In: »Allgemeine Automobil Zeitung« (AAZ), Nr. 2, 8.1.1922, S. 20 f.

Plakat der IAA 1926 in Berlin.

Ausstellungsstand von Horch bei der Automobilausstellung 1926 in Berlin.

Der Motor des Horch 8 war für die Fachwelt ein technischer Genuss: Doppelnockenwelle über Königswelle gesteuert, fünffach gelagert, abnehmbarer Zylinderkopf, die großen Ventile mit einem Durchmesser von 35 mm schräg im Verbrennungsraum angeordnet, die Kolben aus Leichtmetall. Dabei diente die aufwendige Technik weniger einer hohen Leistung als vielmehr einem äußerst leisen und kultivierten Motorlauf.

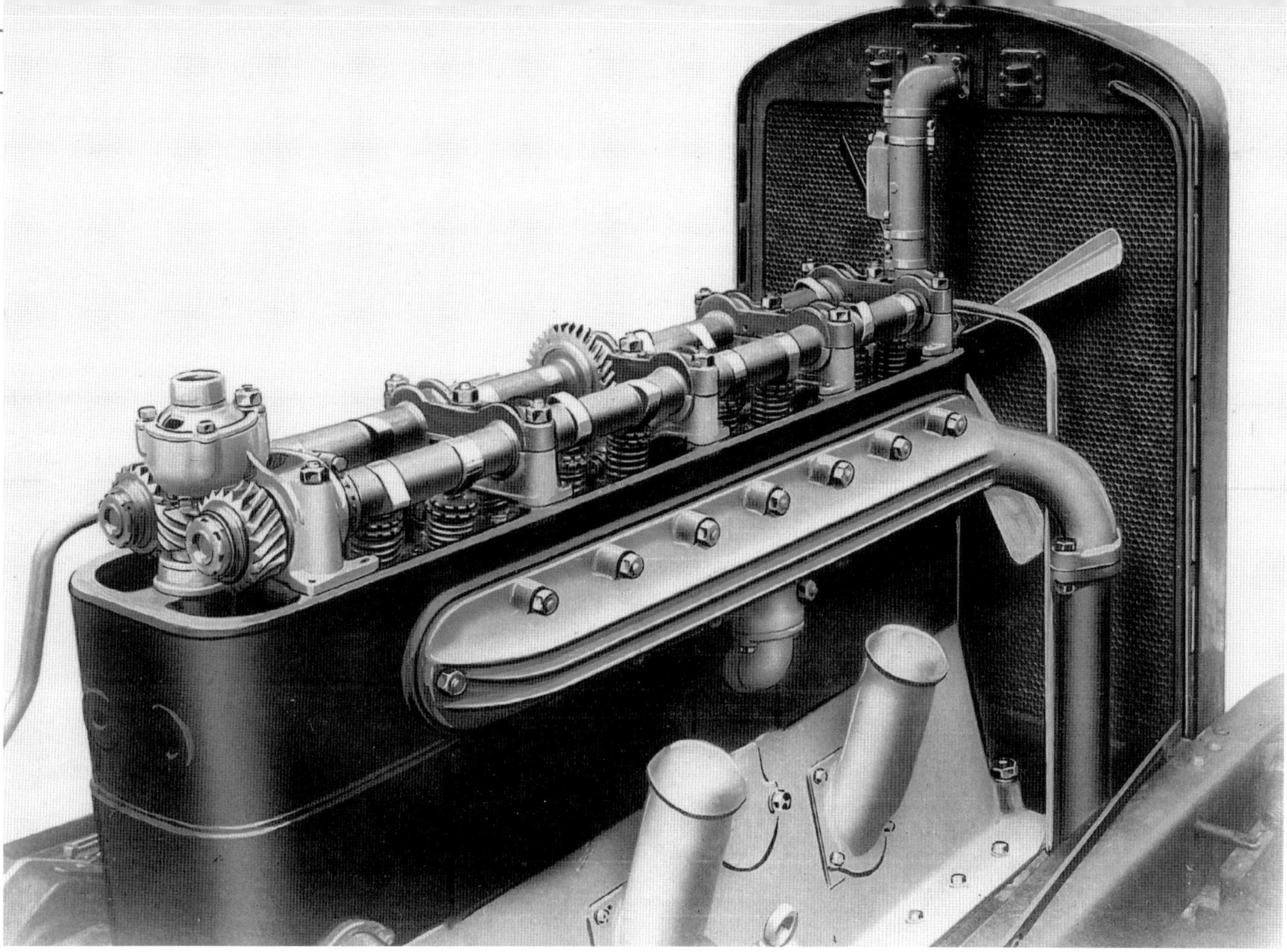

Doppelnockenwelle beim Horch 8.

Ein Horch-8-Motor mit Getriebe auf dem Leistungsprüfstand.

Bei einem Hubraum von 3.160 ccm leistete der Motor 60 PS bei 3200 U/min und verhalf dem Wagen zu einer Spitzengeschwindigkeit von 100 km/h bei der Pullman-Limousine und dem Pullman-Cabriolet; beim offenen Tourenwagen waren gar bis 120 km/h möglich. Die Kompaktheit des Motors wurde dadurch erreicht, dass die Zylinder paarweise zusammengegossen waren. Fahrgestellseitig stellte die Bosch-Dewandre-Saugluftbremse eine Besonderheit dar. Diese nach dem Patent des belgischen Ingenieurs Albert Dewandre gebaute Servobremse wurde von Bosch produziert. Der wenig später präsentierte Typ 304 hatte einen um 290 mm verkürzten Radstand und wurde nur in offenen Varianten als Cabriolet oder Roadster geliefert. Interessanterweise wies die Typennomenklatur bei Horch bis Baujahr 1928 die höhere Zahl für die Variante mit kurzem Radstand aus.
Kleinere Probleme in der Anlaufphase des Horch 8 wie verölende Kerzen, Startschwierigkeiten und Geräuschentwicklung bei Getriebe, Hinterachse und Ölpumpe bekam das Team um PD recht rasch in den Griff. Ein kontinu-

Getriebe, Schaltung und Saugluft-Vierradbremse des Horch 8.

In der Werbung für den Achtzylinder wurde ausdrücklich auf den Konstrukteur hingewiesen.

ierlicher Verbesserungsprozess in der Fertigung sorgte dafür, dass die Produktqualität kontinuierlich gesteigert werden konnte. Kirchberg und Pönisch dazu: *»So sind alle Motorenwerkstücke, also Block, Zylinderkopf und -deckel sowie das Kurbelgehäuse nach jedem einzelnen Bearbeitungsgang gereinigt und mit einem Speziallack überzogen worden, der noch verbliebene Restteilchen binden sollte. Alle sich bewegenden Teile wurden auf eine hohe Oberflächenqualität hin bearbeitet. Eine spezielle Vorrichtung schuf man für das läppen der Ventilkegel, die damit poliert wurden. Geringere Reibung in der Ventilführung, höhere Lebensdauer und geringere Geräuschentwicklung waren das Ergebnis. Alle hoch beanspruchten Teile wurden nitriert, also mit Stickstoff gehärtet. Dieses Verfahren war bei Krupp in Essen entwickelt worden und wirkte mit erheblich niedrigeren Temperaturen als die sonst übliche Einsatzhärtung, die auf dem Eindringen von Kohlenstoff in das Werkstück beruhte.«*[114]

[114] Kirchberg, Peter; Pönisch, Jürgen: »Horch. Typen, Technik, Modelle.« Bielefeld 2006, S. 17 f.

Cabriolet 304.

Doch nicht nur technisch, auch preislich war der neue Typ 303 ein attraktives Angebot, das als offener Tourenwagen günstiger zu haben war als der Vierzylinder-Horch 10/50. Von anfänglich 12.500 RM sank der Preis für diese Variante auf 11.900 RM. Im Herbst 1927 folgte dann der 3,4 l 13/65 PS Horch 8 Typ 305, der nach dem 304 als Kühlerfigur ebenfalls einen geflügelten Pfeil erhielt. In einem zeitgenössischen Artikel kommentierte der bekannte Motorjournalist Rozendaal den Motor und seine Besonderheit wie folgt:

»Abgesehen von dieser Maßnahme wird aber die kurze Baulänge des Zylinderblocks und damit des ganzen Motors schon durch die relativ kleine Bohrung (67,5 mm) der einzelnen Zylinder begünstigt. Entsprechend der jetzt allgemein befolgten Praxis, hat der Motor einen abnehmbaren Zylinderkopf. Die Ventile sind, damit sie möglichst groß gehalten werden konnten, in zwei Reihen, links und rechts und hängend angeordnet. Trotzdem ist die direkte Betätigung derselben, die große Vorteile hat, beibehalten. Dies ist dadurch erreicht, dass je eine Ventilreihe – die Einlassven-

Bearbeitung der Zylinderköpfe.

tile sitzen links – durch eine unmittelbar über sie gelagerte Nockenwelle unter Vermeidung von Kipphebeln bedient wird. Die geringe Unannehmlichkeit der etwas schwierigeren Ventileinstellung, die mit dieser Anordnung verbunden ist, fällt im Vergleich zu den sich aus der Konstruktion ergebenden großen Vorteilen nicht sonderlich ins Gewicht zumal die jedem Wagen beigegebenen Spezialschlüssel das eventuell notwendig werdende Nachstellen der Ventile erleichtern. Die beiden Nockenwellen, die in fünf oben auf dem Zylinderkopf befestigten Böcken gelagert sind, werden durch eine hinter dem hintersten Zylinder vertikal hochgehende Königswelle angetrieben. Die Übertragung der rotierenden Bewegung erfolgt durch eine Schnecke, die mit den beiden hinten auf den Nockenwellen montierten Zahnrädern im Eingriff steht. Ein etwaiges sich mit der Zeit einstellendes axiales Spiel der Nockenwellen, das den richtigen Eingriff des Schneckenantriebs beeinflussen würde, wird in einfachster Weise durch Nachstellvorrichtungen, die sich an der vorderen Stirnseite des hintersten Lagerblocks befinden, beseitigt. Diese Art der Ventilsteuerung hat den großen Vorzug der Einfachheit, kommen doch im Vergleich zu einem Motor mit hängenden, durch Stoßstangen, Kipphebel und eine unten gelagerte Nockenwelle betätigten Ventile allein schon nicht weniger als 16 Stoßstangen und 16 Kipphebel in Fortfall. Das Vorhandensein einer zweiten Nockenwelle fällt gegen diese Verringerung der Antriebsorgane nicht sonderlich ins Gewicht und dürfte auch in fabrikatorischer Hinsicht kaum erhöhte Kosten mit sich bringen. Auf der Mitte der Nockenwelle, die die Einlassventile betätigt, unmittelbar hinter dem dritten Lagerblock, gewahrt man ein Zahnrad. Dieses dient zum Antrieb einer von dort in der Mitte zwischen den beiden Ventilreihen nach vorn gehenden Welle, auf der der Ventilator befestigt ist.«[115]

[115] Rozendaal, John: »Der Achtzylinder Horch 8«. In »Motor«, Mai 1927, S. 3 ff.

Typ 375 als Pullmann-Limousine.

Horch 400 als Limousine.

Auch Reichspräsident Hindenburg nutzte den Horch 350 als Repräsentationswagen.

Thomas Mann mit Gattin Katja, vor seinem Horch 8 posierend.

Als Kühlerfigur diente ein geflügelter Pfeil.

Auch bei Rallyes erfolgreich: Hier ein Horch 350 Pullmann-Limousine bei der Monte.

Wer sich über den Benzinstand informieren wollte, musste allerdings aussteigen, denn die Benzinuhr war im Tankdeckel untergebracht.
Von dieser Baureihe gab es mit dem Typ 306 ebenfalls eine Variante mit kurzem Radstand, die als zweisitziges Sportcabriolet und mit einer leichten Limousinen-Karosserie (Weymann) geliefert wurde.
Neben Häcker hatte man auch Hermann Ahrens, wiederum von den Deutschen Werken Berlin, als Entwurfsgraphiker verpflichtet. Doch die Gestaltungshoheit lag bei der 1928er Modellreihe bei Oskar Hermann Werner Hadank (1889–1965). Dieser hatte auch das Argus-Firmenzeichen und den geflügelten Pfeil entworfen. Er unterrichtete an der Vereinigten Staatsschule für freie und angewandte Kunst (Berlin) im Fachgebiet Heraldik, was für Gebrauchsgraphiker bedeutete, sich u. a. mit Geschäftspapieren, Briefmarken und Zigarettenschachteln zu befassen. Anfänglich beriet Hadank Horch in

Der kurze Radstand ermöglichte den Bau attraktiver Sportversionen: Coupé 306 ...

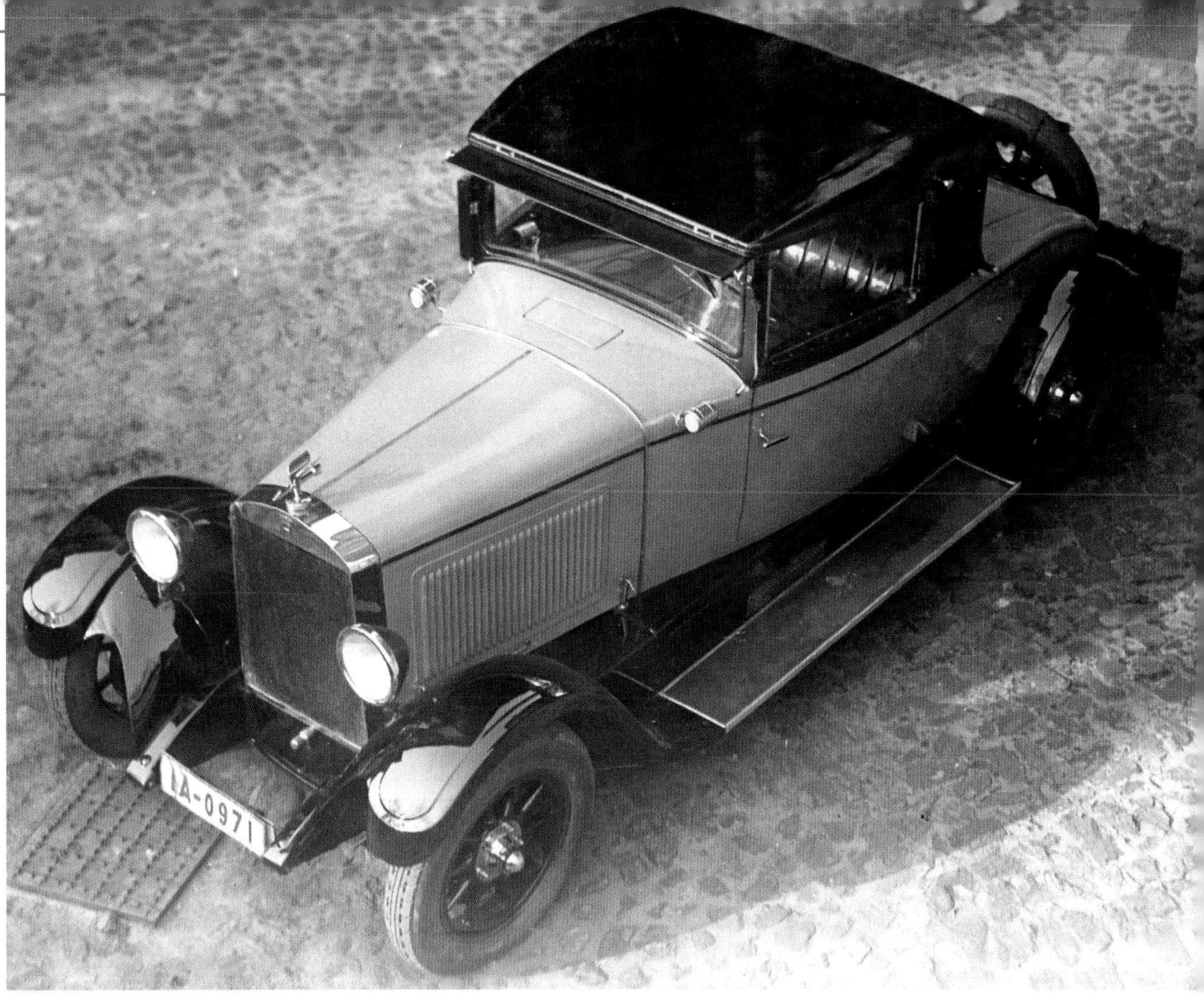

... und Roadster 306.

Sachen Lackfarben und Stoffmuster, nun aber übertrug man ihm die Aufgabe, den Horch 8 für das Modelljahr 1928 auch karosserieseitig neu zu gestalten. Dabei orientierte sich dieser an einem amerikanischen Modell, dem LaSalle Typ 303. LaSalle war eine Untermarke der General-Motors-Tochter Cadillac. Der Karosserieentwurf stammte von dem amerikanischen Designer Harley Earl (1893–1969). Ihm ging es darum, Kunden durch besondere Gestaltungsmerkmale zu beeindrucken (Beispiel: die großen Scheinwerfer mit der »8« im Chromrand vor dem Kühler). Die neue Horch-Karosserie war ein Plagiat dieses Modells. Auch hier war die Kühlerfigur der geflügelte Pfeil.
Die Figur kam in ihrer endgültigen Form (eine Variante gab es schon beim Typ 304) beim Horch-8-Modell 13/65 PS (Typ 305) erstmalig zum Einsatz. Sie wurde

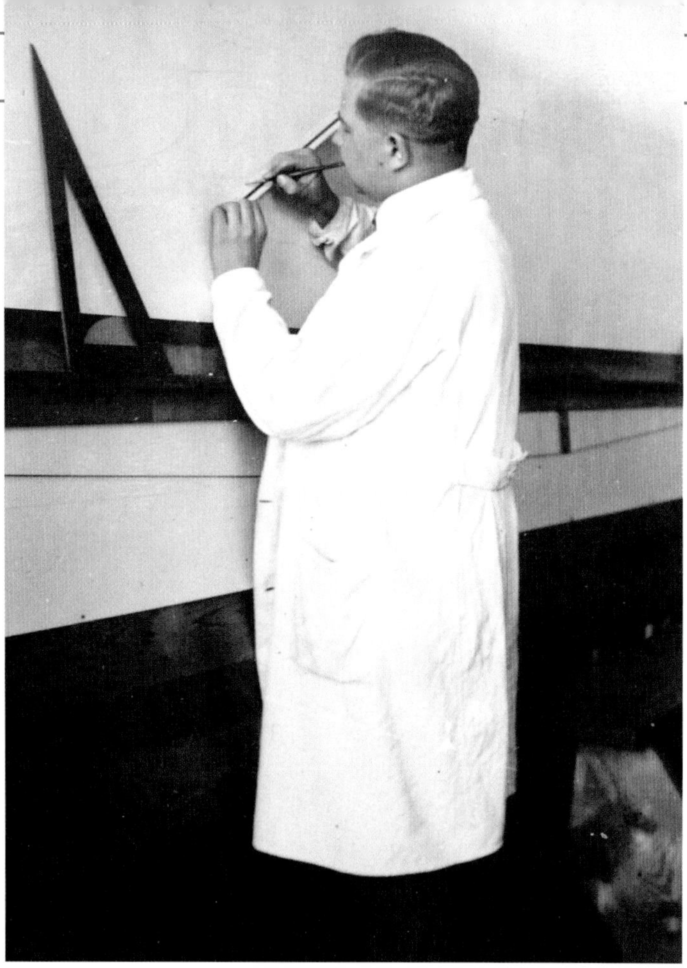

Ahrens bei der Arbeit am Zeichenbrett.

Der Flugpionier Dr. August Euler als Preisträger mit seinem von Ahrens gestalteten 470er Sportcabriolet.

auch bei den Nachfolgemodellen 16/80 PS (Typ 350) und 16/80 (Typ 375) verwendet, dem jeweiligen Modelljahrgang des LaSalle angepasst. Oswald bemerkt dazu: *»Jedenfalls brachten die neuen Karosserien dem ›Horch 8‹ einen ungeheuren Erfolg, zumal das amerikanische Vorbild hierzulande kaum bekannt war. Außerdem hätte die wenigsten Käufer das Plagiat gestört. Vor allem gefiel die großartig gestaltete Frontpartie, geprägt durch den zierlich modellierten Kühlerrahmen, die thermostatisch geregelte Kühlerjalousie, die verchromte Zierstange mit der ›8‹ im Kreis zwischen den mächtigen, eigens für Horch gefertigten Scheinwerfern von Zeiß (Jena). Es spielte überhaupt keine Rolle, dass der LaSalle in Amerika haargenau das gleiche Gesicht besaß …«*[116]
Auch Generaldirektor Dr. Straus und der technische Werkleiter William Werner trugen diese gestalterische Entscheidung mit.

[116] Oswald, Werner: »Alle Horch Automobile 1900–1945«. Stuttgart 1979, S 25.

Prof. Werner Hadank, der Karosseriegestalter.

Der Horch 8 Typ 350 als Limousine.

Ein Horch 8
des Typs 375
als Cabriolet A.

Eine für
Messeauftritte
aufgeschnittene
Motor-Getriebe-
Einheit des 350.

Hinsichtlich der Lackierung und der darauf abgestimmten Innenausstattung gab sich diese Modellreihe ebenfalls sehr modisch. Der Prospekt der Pullman-Limousine verspricht dem interessierten Käufer: *»Das Innere des Wagens zeigt ein vornehm abgestimmtes Bild. Die Farbe des Wageninneren passt sich der Außenfarbe der Karosserie an. Die Sitze sind durchweg in gemusterten Stoffen gepolstert, die Decken und Wände in entsprechenden Tönen einfarbig gehalten. Die Sitze im Fond haben Zellenpolsterung, die Notsitze sind ebenfalls weich und bequem. Die Formen der Sitzlehne sind dem Körper angepasst. Auf diese Weise wird selbst bei langen Fahrten eine Ermüdung vermieden. In zwei Kantinen, die seitlich der Fondsitze angeordnet sind, befinden sich Aschenbecher und Feuerzeug, Notizbuch, Spiegel und Kamm.«* Im Einzelnen wird dann Exterieur und Interieur detailliert ausgeführt: *»Pullman-Limousine M 1. Ein sehr ruhiges, warmes Grau, das elegant und vornehm wirkt. Die Innenausstattung des Wagens ist in diskreten Tönen gehalten, die eine Dame in ihrem Salon bevorzugt. Pullman-Limousine M 3. Beige mit rostroten Streifen, hellen und lebhaften Farben, die sich aus dem gewohnten Straßenbild herausheben. Eine vornehme Farbenkombination, die gesehen wird. Pullman-Limousine M 4. Ein schweres dunkles Rot von der Farbe des Burgunders. Das Innere des Wagens wirkt wie die mit erlesenem Geschmack gestaltete Kaminecke eines Herrenzimmers.«*[117] Wer konnte sich dem Charme einer solchen Reklame entziehen, entsprechende finanzielle Mittel vorausgesetzt?

[117] Prospekt des Horch 350 aus dem Jahr 1928 mit den Farbkreationen von Oskar Hermann Werner Hadank.

Horch 8 Typ 303 Pullman-Limousine mit beiger Lackierung und Zierstreifen, 1927.

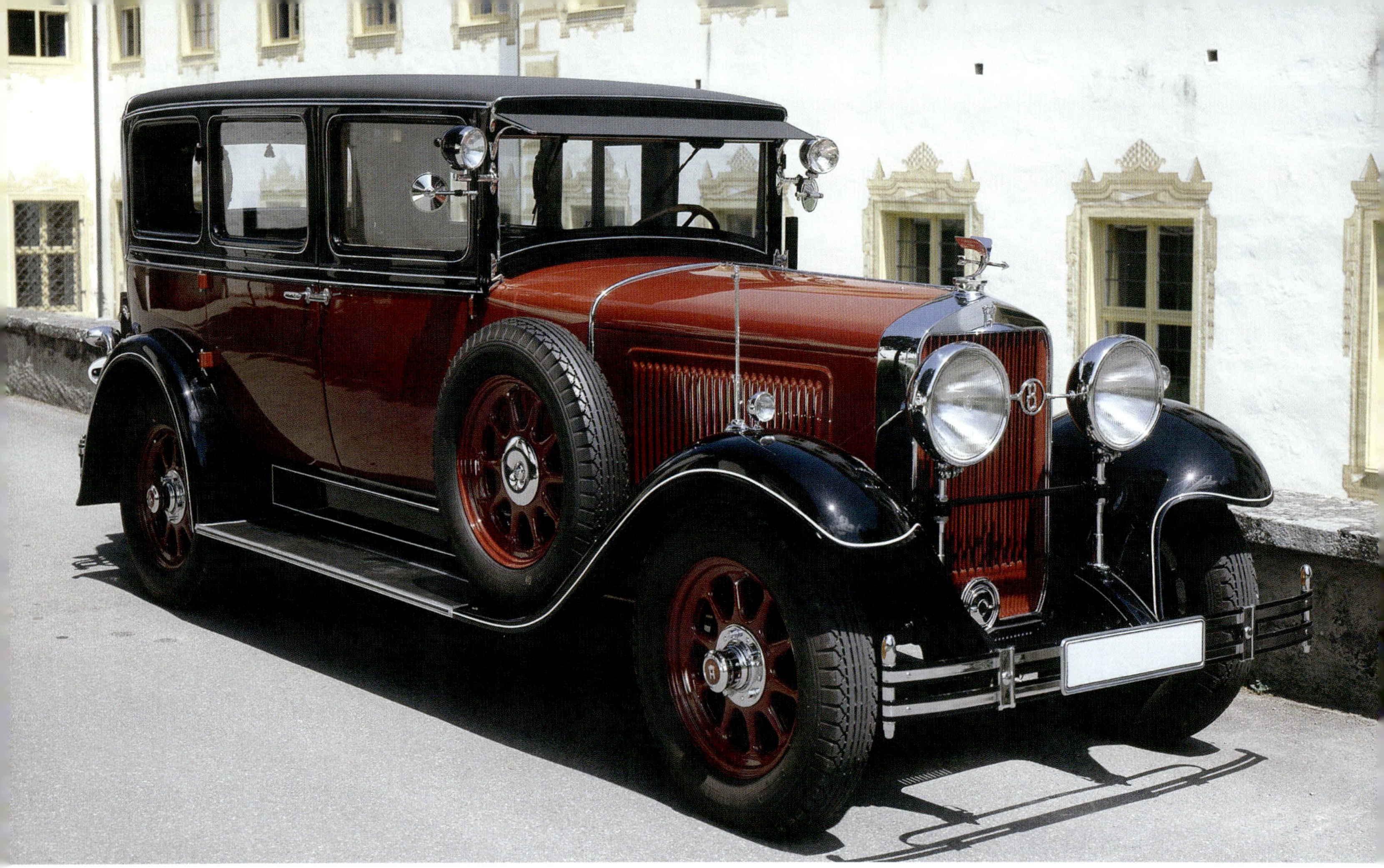

Horch 350 Pullman-Limousine, 1928.

Ein Pullman-Landaulet Typ 305.

Über eine neue Kühlerfigur sollte erst der Horch 8 16/80 PS (Typen 350/375/400/405) in Form einer geflügelten Weltkugel verfügen. Diese Kühlerfigur hatte Ernst Böhm (1890–1963) entworfen, ein ebenfalls an der Staatsschule lehrender Gebrauchsgraphiker. Von ihm stammte auch das Horch-Signet, ein »H« mit drei darüberliegenden Horizontalbalken, darauf der Schriftzug »Horch« mit der Anmutung einer Krone. Der Schutz dafür wurde am 12. November 1924 erteilt, das Signet fand in der Folge bei allen Horch-Wagen Verwendung.

Seiten- und Rückansicht der Limousine des Typs 400.

Die Rahmenkonstruktion zeichnet sich durch die tiefe Kröpfung der Träger über beiden Achsen aus.

Ein Cabriolet A der Typenreihe 400 mit geschlossenem ...

... und mit geöffnetem Verdeck.

Bevor die Wagen karossiert wurden, erfolgte eine Fahrerprobung auf der Strecke Zwickau-Glauchau-Waldenburg-Dennheritz. Am letzten Anlaufpunkt befand sich die Einfahrwerksatt zur Nachjustierung bzw. Durchführung ggf. notwendiger Korrekturen. Die Einfahrvorschriften waren zur damaligen Zeit überaus streng: die ersten 1.000 km durften die 50 km/h nicht überschritten werden, bis 2.000 km waren immerhin 70 km/h erlaubt. Der Reihen-Achtzylinder-Motor wurde in seiner Bauzeit vom 2. Januar 1927 bis zum 28. Dezember 1931 kaum modifiziert, sieht man einmal ab von einer Hubraumerhöhung durch Vergrößerung der Bohrung (65 mm, 67,5 mm und 73 mm) bei gleichbleibendem Hub (118 mm).
Die Karosserien der Horch-8-Limousinen-Modelle wurden von der Firma Lindner und in Folge von Ambi-Budd (Berlin), die Lindner übernommen hatten, hergestellt. Die Cabriolets kamen in der Mehrzahl von der Karosseriefirma Gläser (Dresden).
Aber auch ein konstruktives Aufgabengebiet, das PD früher intensiv beschäftigt hatte, blühte kurz wieder auf: die Konstruktion von Militärfahrzeugen. Lediglich 100.000 Mann waren der Weimarer Republik als stehendes Heer laut Versailler Vertrag gestattet. Die sogenannte Reichswehr verfügte anfänglich nur über normale Personenkraftwagen und Lkw. Erst in der Nachinflationszeit 1924, als durch den Dawes-Plan, der die Höhe der Reparationszahlungen von der deutschen Wirtschaftskraft abhängig machte, der politische Druck auf Deutschland nachließ und die alliierten Militärkommissionen das Reich verließen, konnte wieder daran gedacht werden, Spezialfahrzeuge zu beauftragen und zu erproben.
Für die Motorisierung der Reichswehr hatte die deutsche Heeresverwaltung eine Ausschreibung für einen Sechsrad-Kraftwagen herausgegeben. Aufgrund der veröffentlichten Konstruktionsvorschriften machten sich neben den Firmen Daimler-Benz, Krupp, Henschel und Selve auch Argus/Horch daran, einen solchen Kraftwagentyp zu entwickeln. Paul Daimler, der ja über große Erfahrung hinsichtlich des Baus von Militärfahrzeugen verfügte, entwickelte einen Dreiachser, der für zwei Tonnen Nutzlast ausgelegt war. Als Antriebsaggregat diente der Achtzylinder-Motor mit 65 PS. Das Getriebe wurde mit einem gesondert zu schaltenden Zusatzgetriebe versehen, so dass nunmehr acht Vorwärts- und zwei Rückwärtsgänge zur Verfügung standen. Um auch in schwerstem Terrain beweglich bleiben zu können, gab es eine am Heck angebrachte Winde, die vom Motor angetrieben wurde und mit der sich der Wagen selbst befreien konnte, sollte er sich einmal festfahren.

Der Sechsrad-Horch-8.

Erprobung der Geländetauglichkeit des Dreiachsers.

Präsentiert wurde dieser Geländewagen auf der Automobilausstellung in Berlin 1928. Die Horch Werbeabteilung dichtete für die Präsentation: *»Der Wagen ist in erster Linie für Gegenden bestimmt, die unwegsam sind oder außerordentliche Terrain-Unterschiede aufweisen … Er dient der Personen und Lastenbeförderung auf stark bergigem Gelände, auf Stoppelfeldern, löchrigem oder steinigem Terrain, über Bahndämme, Gräben, Sturzäcker und so weiter …«*

Horch-Stand auf der IAA 1928.

Vorstellung des Sechsradwagens bei der IAA 1928.

Die Konstruktion des Horch-8-Geländewagens von PD wurde als einzige mit einem Preis des Reichsverkehrsministeriums ausgezeichnet. Gebaut und an die Reichswehr ausgeliefert wurden wohl 60 Fahrzeuge, wobei diese in der Produktionsstatistik unter den 1.698 Stück des Typs 350 subsumiert wurden.

Paul Daimler bei Erprobungsfahrten des Sechsradwagens auf dem Truppenübungsplatz Döberitz.

Mit Ski und Gleitketten auch für den Wintereinsatz gerüstet.

Mit 8.490 verkauften Achtzylindern mit dem PD-Doppelnockenwellenmotor in den Jahren 1927 bis 1931 wurde ein Verkaufsrekord für Oberklasselimousinen aufgestellt. Zum Vergleich: Daimler-Benz produzierte im gleichen Zeitraum von seinen Sechszylinder- (Typ 400 15/70/100 PS, Typ 630 24/100/140 PS, Modell K, 630 mit K-Motor, Typen S, SS, und SSK, Mannheim 350/370/370 und K/370 S) und Achtzylindertypen (Nürburg 460/500, »Großer Mercedes« 770) zwischen 1927 und 1931 in der Summe ca. 4.055 Fahrzeuge, und das mit den unterschiedlichsten Typen.
Marke und Nimbus von Horch setzten dem Wettbewerb nicht unerheblich zu, und das war nicht zuletzt das Verdienst von Paul Daimler. Einen Beleg dafür liefert der Vorstandsbericht zum Geschäftsjahr 1927/28:
»Der Verlauf des Geschäftsjahrs 1927/28 hat unsere Erwartungen im Großen und Ganzen erfüllt. Die Depression im Herbst und Winter 1927, auf die wir im letzten Bericht hingewiesen haben, wurde mit Beginn des Frühjahrs rasch überwunden und unsere Umsätze zeigten eine stark ansteigende Kurve. Der Streik bzw. die Aussperrung in der sächsischen Metallindustrie, die vom 10. April bis 12. Mai dauerten und uns erst in den letzten Maitagen den Wiederbeginn normaler Lieferungen erlaubten, hat diese günstige Entwicklung zunächst unterbrochen und uns umso fühlbarer getroffen, als die Arbeitsunterbrechung in die Zeit unserer Hauptverkaufssaison fiel. Nach Wiederaufnahme der Arbeit hat sich aber der Absatz bis zum Ende des Geschäftsjahrs auf einer die Erwartung übersteigenden Höhe gehalten, sodass die Schäden der Streik- bzw. Aussperrungszeit zum Teil wieder eingeholt werden konnten. Unser Fabrikat hat seinen Ruf befestigt und sein Absatzgebiet erweitert und wird heute international zu den besten Marken gerechnet. Die Beteiligung an fast allen großen Automobil-Ausstellungen Europas hat uns nicht nur ideelle Anerkennung, sondern auch erfreulichen praktischen Erfolg gebracht, sodass sich unser Vertreternetz und unser Absatz heute über fast alle Länder Europas erstreckt und auch der Aufbau unserer Organisation in Übersee begonnen wurde. Unser seit Jahren durchgeführtes Prinzip der Konzentration aller Kräfte auf eine Qualitätstype und die dadurch ermöglichte fortschreitende Vervollkommnung derselben hat die Probe auf die Richtigkeit bestanden; unser Umsatz hat trotz des erheblichen Ausfalls während der Aussperrungszeit gegenüber dem vorhergegangenen Jahr wieder mengen- und wertmäßig eine bedeutende Steigerung erfahren.«

Das Horch-Werk in Zwickau.

In den letzten Jahren seiner Tätigkeit gingen die Meinungen hinsichtlich strategischer Ausrichtung und konstruktiver Notwendigkeiten zwischen PD und Dr. Straus zunehmend auseinander. Während Ersterer die Maxime seines Vaters – »Das Beste oder Nichts« – hochhielt, stand Straus der Sinn nach profitableren Produktionen und preiswerten Konstruktionen. Nicht ins Bild passte da der Horch 8 mit Kompressor, konstruiert und gebaut von PD. Wie brisant und konfliktbeladen die letzten Jahre gewesen sein müssen, ist einer Aktennotiz von Paul Daimler vom 19. April 1931 zu entnehmen; hier wurden die seines Erachtens bei Horch und Argus gemachten Fehler akribisch in zehn Punkten aufgelistet:

»Die internationale Automobil-Ausstellung 1931 in Berlin als auch die neusten Erfolge Caracciolas und vieler anderer, wie Alfa Romeo und Bugatti, haben für mich sozusagen die Bestätigung gebracht, dass ich, ich darf wohl sagen, ausnahmslos mit allen meinen konstruktiven Maßnahmen für Argus A.G. und Horchwerke A.G. auf dem besten Wege war und wenn diese Seitens Herrn Dr. Straus nicht so vollständig verkannt und negiert worden wären, ständen diese beiden Firmen heute an erster Stelle gegenüber der ›Masse‹ der anderen, die heute schon wieder viel weiter sind und Argus und Horch muss nun anderweitig betteln und teuer kaufen. Für diesen traurigen Stand bei beiden Firmen führe ich folgende ganz wesentliche technische Fortschritte an: 1.) Mit geräuschlosem Getriebe wie die Zahnradfabrik Friedrichshafen produziert, (und Maybach, Daimler-Benz und andere es jetzt schon anwenden) wären wir die ersten gewesen! (Entwürfe und Zeichnungen von mir liegen vor vom Jahre 1924/25; ebenso fanden schon um diese Zeit Besprechungen mit meinen Herren statt) 2.) Bei Vorderradantrieb d.i. Lenkrad-Antrieb und damit Vierrad- und Sechsradantrieb ist dieser Vorgang genau derselbe: Ich durfte diese erst in Arbeit geben als schon die Amerikaner damit herauskamen. (Cords Vorderradantrieb bei Auburn!) Dann konnte es nicht schnell genug gehen. Meine ersten Entwürfe und Konstruktionen für Rennwagen und Personenwagen im Jahre 1923/24 stammen noch aus Cannstatter Zeit des Konstruktionsbüros der Argus M. G. 3.) Hochdruckmotoren für schwere Brennstoffe fiel zusammen mit der Lastwagenkonstruktion unter den Tisch; letztere waren schon in der Werkstatt in Arbeit und wurden halbfertig sistiert! 4.) Unseren Achtzylinder als V-Motor auszuführen hatte ich schon vor Jahren vorgeschlagen, wurde von Dr. Straus nicht genügend befähigten Konstrukteuren übertragen, infolgedessen wurden 8 Achtzylinder und 4 Achtzylinder V-Motoren verkonstruiert [sic.] und mit kolossalen Unkosten in x facher Anzahl falsch ausgeführt und sind heute Alteisen! 5.) Meine Gebläseausführungen an Zweitakt-Motoren die schon vor Jahren bei Argus M. G. im Versuch mit 4 - 6fach höherer Leistung gelaufen waren, ebenfalls fallen gelassen; heute hat DKW hiernach den leistungsfähigsten und leichtesten Kleinwagenmotor und soll von diesem Wagen die größte Anzahl von Verkäufen anlässlich dieser Ausstellung getätigt haben. 6.) Mein Achtzylinder mit Gebläse, den ich mehrfach ausgeführt hatte, (er war in meinem Wagen eingebaut und ebenfalls laut Verbot von Dr. Straus nicht mehr in Gebrauch genommen worden) wäre gerade bei diesem Vielzylindermotor ein ganz besonders wirksamer Erfolg geworden. (Vergl. die sehr schnittigen und leistungsfähigen Rennsportwagen von Fiat) 7.) Meine Rennwagenkonstruktionen Vierradantrieb und Motor mit Gebläse, der in Cannstatt schon 1922/23 angefangen wurde, wäre ein Clou geworden und dies heute noch gegenüber allen bis jetzt gebauten schnellsten Rennwagen, ist ebenfalls einfach fallengelassen worden und wird sicher von anderen wieder aufgegriffen werden wenn deren Vorderantriebe noch besser erprobt sein werden; das letztere wäre für mich nicht in dem Maße nötig gewesen, da ich solche schon seit 1903 in verschiedenen Ausführungen und Größen (auch für Personenwagen) mit gutem Erfolg gebaut habe. 8.) Im Zusammenhang mit diesen wichtigen Punkten sehe ich eine Hauptschädigung in dem gleichzeitigen Verfall der sehr wertvollen Schutzrechte auf alle diese Gegenstände, die naturgemäß an Hand der konstruktiven und werkstatttechnischen Ausführung dieser Objekte noch ganz anders ergänzt und verfolgt werden konnten, als dies nur theoretisch möglich ist. 9.) Eine heute sehr verbreitete und in der Ausstellung an fast allen Fahrzeugen angebrachte Einrichtung, die Dewandre Luft-Hilfsbremse, stand für Dr. Straus für ganz Deutschland die Lizenz frei; er hat solange gewartet, bis diese Bosch übernahm und jetzt ein großes Geschäft damit macht. Da ich von meinem Vater her die Herren Dewandre, Belgien, persönlich gekannt habe, war ich bei den Verhandlungen in Paris vermittelnder Weise dabei und hatten wir Dank dessen die Lizenz ein Jahr in der Hand gehabt! Ich hatte Dr. Straus diese Bremse als beste und am einfachsten anbringbare besonders empfohlen, da dieselbe außer der sicheren Wirkungsart, vor allem das vorhandene Hebelwerk als ganz wesentlichen Sicherheitsfaktor beibehalten ließ und am vorhandenen fast nichts zu ändern war. (Herr Linck kam um diese Zeit viel mit einem Vertreter von Bosch, einem

Herrn Dehn, zusammen und ich vermute, dass hierdurch diese Firma von dieser Sache Wind bekam.) 10.) Der neuste Geschwindigkeitserfolg der Motorräder bei Bayrische Motoren-Werke ist meinem Gebläsemotor zu verdanken. (Herrn von Bibow und Dr. Straus hatte ich schon vor Jahren Motorräder dieser Art vorgeschlagen und Herr von Bibow wollte mich mit einer Motorradfirma zusammenbringen um dort meine Vorschläge auszuführen, die auch bei einem Herrn der deutschen Heeresverwaltung, der die Motorräder unter sich hatte, viel Anklang fanden.)«[118]

Dieser Rückblick macht deutlich, wie sehr PD die Einsicht plagte, fortdauernd unter seinen Möglichkeiten agieren zu müssen. Als er im Verlauf des Jahres 1930 die Argus-Motoren-Gesellschaft mit 61 Jahren verließ, war dies ein gewagter Schritt. Zwar standen ihm bis 1933 Pensionsansprüche von seiner Vorstandstätigkeit in der DMG zu, danach jedoch waren keine festen Einkünfte mehr zu erwarten, nicht zuletzt, da er einen großen Teil des ererbten Vermögens in den Inflationsjahren verloren hatte. Am 26. März 1930 schrieb ihm der Aufsichtsratsvorsitzende der Argus-Motoren-Gesellschaft, Dr. Moritz Straus:

»Sehr geehrter Herr Baurat, unter Bezugnahme auf die mit Ihrem Vertreter, Herrn Adam, gehabte Unterredung kündigen wir der guten Ordnung halber auch schriftlich den Vertrag vom 3. Juli 1922. Der vorgenannte Vertrag vom 3. Juli 1922 bildet schon seit der Stabilisierung der Mark nicht mehr die Grundlage für unsere Beziehung, die wir nach wie vor in dem bisherigen Sinne aufrecht zu erhalten beabsichtigen. Jeder Teil ist berechtigt, dieses Verhältnis mit sechsmonatiger Kündigungsfrist aufzuheben. Während der Dauer des Vertragsverhältnisses sind Sie berechtigt, einschließlich aller Entnahmen, wie Zinszahlungen etc., RM 3000.- (Dreitausend Reichsmark) pro Monat an unserer Kasse zu entnehmen. Jedoch werden wir Ihr endgültiges Einkommen, wie bisher, jeweils am Jahresschluss regeln. Wir behalten uns demgemäß vor, Ihnen bei günstigen Ergebnissen am Schluss des Jahres eine Tantieme zuzubilligen, deren Höhe in unserem Ermessen steht.«[119]

Mit dieser Regelung schien Paul Daimler nicht zufrieden gewesen zu sein. Er versuchte wohl im Folgenden, eine Änderung der Vereinbarung herbeizuführen und scheint auch Forderungen gegen die Argus-Motoren-Gesellschaft gestellt zu haben. In all den Jahren hatte er es indes versäumt, die vertragliche Vereinbarung des Jahres 1922, die durch die Inflation und die daran anschließende Umstellung auf Gold- bzw. Reichsmark inhaltslos geworden war, neu zu definieren. Stattdessen ließ er sich in den Jahren seiner Tätigkeit für Argus und Horch durch direkte und indirekte Zahlungen honorieren. Nun, da es darum ging, eine höhere Entlohnung zu erhalten, zählte PD seine Aktivitäten für die Argus-Motoren-Gesellschaft und die Horchwerke AG nochmals detailliert auf, wohl in der Hoffnung, dafür eine nachträgliche Honorierung zu erhalten. Die von PD erstellte Liste gewährt interessante Einblicke in sein Aktivitätenspektrum; sie ist nicht in chronologischer Reihenfolge formuliert:

[118] Aktennotiz von PD vom 19.4.1931 im privaten Nachlass der PD-Enkelin Beate Nagorsni.

[119] Privatarchiv Schildbach: Brief der AMG an PD vom 26.3.1930. Bestand PD – A – 014.

»Verzeichnis von Konstruktionen für Argus und Horch. Vom Juli 1922 – Juli 1930.

1922/23	*10 M 20*	*Mot. u. Fahrgestell teilweise, Hinterachse und deren Aufhängung vollständig*
1923/24	*10 M 21*	*Mot. u. Fahrgestell neu*
1924/25	*10 M 21*	*Lastwagen (2,5/3 t) durchkonstruiert u. 5 St. in Bestellung gegeben, abgestoppt! Hierzu Hochdruck-Ölmotor durchkonstruiert; neben d. normal. Wagenmotor [sic.] der jeweils hierfür verwertet werden sollte, bis zum 8 Cyl. ebenfalls abgestoppt!*
1923/24	*10 M 6*	*Motor neu durchkonstruiert*
1924/25		*Getriebe 10 M 6*
1925/26		*Gebläse für hohe Tourenzahlen in 2 Größen für 8 Cyl. u. and. Motoren konstruiert und ausgeführt*
1926/27		*P.D. 8 Cyl. Motor neu konstruiert u. ausgeführt*
1926/27		*P.D. 8 Cyl. mit Gebläseanbau neu konstruiert u. als typische Musterausführung an meinem ersten Horch 8 eingebaut! abgestoppt!*
1923/24		*Rennwagen-Motor und Fahrgestell mit 4 Radantrieb neu durchkonstruiert! Heute noch obenan! Vor der Ausführung abgestoppt!*
1925/26/27		*Flugmotor A.S.5 neu durchkonstruiert u. ausgeführt in drei Exemplaren aber unter Weglassung zweier meiner Hauptbedingungen! Daher Alteisen.*

1925/26/27	*Flugmotor, luftgekühlter Sternmotor disponiert u. aufgegeben wurde von … übernommen u. verballhornt, desgleichen Alteisen!*
1925/26	*Geländewagen-3-Achser-Fahrgestell neu konstruiert u. ausgeführt*
1926/27	*Geländewagen 2. Serie konstruiert u. ausgeführt*
1927/28	*Geländewagen 3. Serie konstruiert u. ausgeführt*
1928/29	*Verlängerter Geländewagen für 1–1,5 t Nutzlast neu durchkonstruiert!*
1927/28/29	*Vorderradantrieb neu durchkonstruiert u. ausgeführt*
1927/28/29	*Vorderradantrieb für 3-Achs-Geländewagen, also 6-Radantrieb*
1927/28/29	*Vorderradantrieb für gehobenen Horch 8, also 4-Radantrieb*
1927/28/29	*Vorderradantrieb für Vorderantrieb-Horch allein je 1x ausgeführt, abgestoppt!*
1923/24/25	*Karosserien (aus Teilplatten bestehend) u. seitl. am Rahmen befestigt, neu durchkonstruiert u. teilweise probeausgeführt! abgestoppt! Patente sehr treffend jetzt 5 Jahre alt, somit nicht mehr anfechtbar.*
1922/23	*Kühler*
1922/23	*Vergaser*
1927/28/29	*Universalgeländewagen für 5 t Nutzlast fahrbar auf Gurten u. Rädern im Gelände und auf Rädern allein mit allen Finessen im Lauf fahrbar nach vor- u. rückwärts; Gurten- und Radantrieb lenkbar durch Wechselgetriebe, Geschwindigkeiten von 1,8–60 km je Stunde für schwierigste Gelände und schnellste Straßenfahrt, Gurten heb- und senkbar u.s.f. [sic]«*[120]

Diese Verweise auf die eigenen Verdienste brachten allerdings bei Vertrags- oder Gehaltsverhandlungen keinen Erfolg.

Mit den oben angeführten Vorwürfen schien er Dr. Straus konfrontiert und nachhaltig verärgert zu haben. Sowohl bei der Produktentwicklung wie bei der technischen Weiterentwicklung hatte PD eine Reihe von Versäumnissen ausgemacht, die er in erster Linie der Unternehmensführung, in Sonderheit Dr. Straus anlastete. Auf diese Weise von einem beruflichen Weggefährten bewertet zu werden, muss diesen persönlich sehr getroffen haben. Das ergibt sich zumindest aus einem Schreiben vom 5. März 1932 von Straus an den Treuhänder E. Manasse, der sich auf Bitten Paul Daimlers hin dessen Sache angenommen hatte:

»Sehr geehrter Herr Kommerzienrat, Ihre Zeilen vom 2.ds. Mts. habe ich erhalten und möchte Ihnen wiederholen, dass ich für Herrn Baurat Daimler nicht das Geringste tun kann, ehe er 1.) die an mich vor 1½ Jahre geschriebenen Briefe vollinhaltlich zurücknimmt und sein Bedauern ausspricht, 2.) unwiderruflich erklärt hat, dass er sowohl der Argus-Motoren-Gesellschaft als auch mir gegenüber keinerlei Ansprüche besitzt. Wie Ihnen bekannt, kommt auch dann unter keinen Umständen eine Unterstützung des Herrn Baurats Daimler durch die Argus-Motoren-Gesellschaft oder mich selbst in Frage.«[121]

Ein Hinweis darauf, dass es zu einem Konflikt zwischen Daimler und Straus gekommen sein muss, in dessen Verlauf die Tonart an Schärfe zunahm, so dass letztlich keine einvernehmliche Lösung zu erzielen war. Den Kürzeren dabei zog PD, der mit nunmehr über 60 Jahren einer ungewissen Zukunft entgegensah. So schrieb Menasse an PD abschließend:

»Unter Berücksichtigung der durch die ganze geschäftliche Entwicklung geschaffenen wirtschaftlichen Lage werden Sie von Herrn Dr. Straus kaum allzuviel erwarten dürfen, falls er überhaupt zu einem Entgegenkommen bereit ist. Nur eine klare für Sie sprechende Rechtslage kann diese Meinung verändern. Ich verhehle Ihnen aber schriftlich so wenig, als ich es mündlich tat, dass ich Ihre Rechtsansprüche nicht für stark halte und werde mich außerordentlich freuen, wenn ich diese Absicht abändern kann.«[122]

Mit dieser Einschätzung sollte er schlussendlich Recht behalten. Dem Aufsichtsrat der Horchwerke AG gehörte PD bis 1931 an, nahm aber auf Anraten seines Anwalts an der Aufsichtsratssitzung vom 16. März 1931 nicht mehr teil, eine plötzliche Erkrankung vorschützend.

[120] Aufstellung von PD ohne Datum im privaten Nachlass der PD-Enkelin Beate Nagorsni.

[121] Privatarchiv Schildbach: Brief von Straus an Menasse vom 5.3.1932. Bestand PD – L – 005.

[122] Brief von B. Menasse an PD vom 4.2.1932, im privaten Nachlass der PD-Enkelin Beate Nagorsni.

Rückzug ins Private. Paul Daimler als Erfinder und Historiograph.

Mit 60 Jahren der ungewollte Ruhestand, Berlin als Lebensmittelpunkt, die Brücken zur alten Heimat weitgehend abgebrochen, der jüngere Sohn und die Tochter mit jeweils 16 und 14 Jahren alles andere als flügge. Einzig Paul Gottlieb war mit 22 Jahren aus dem Gröbsten heraus und widmete sich einem Technikstudium. Zweifelsohne belastend: seine labile Gesundheit, wohl nicht zuletzt eine Folge des väterlichen und mütterlichen Erbes, wie die Versicherungsgesellschaft befürchtete. Vater Gottlieb verstarb im Alter von 66 Jahren an einer Herzinsuffizienz, die Mutter erlag nach zehnjährigem Leiden mit 46 Jahren einer Lungentuberkulose. So nimmt es nicht Wunder, dass durch beruflichen Stress gesundheitliche Beeinträchtigungen auch für PD nicht ausblieben. Am 23. Mai 1931 begab er sich in ein Stuttgarter Krankenhaus, einem Brief an das Patentamt ist zu entnehmen, dass er eine Fristverlängerung aus gesundheitlichen Gründen ersuchte.[123] Im Anschluss an den Krankenhausaufenthalt weilte er zur Rehabilitation auf der Bühlerhöhe im Schwarzwald.

[123] Privatarchiv Schildbach: Brief an das Patentamt vom 14.7.1931. Bestand PD – A – 007.

Zur Entspannung malte und zeichnete PD auch Nicht-Technisches, wie beispielsweise diese Kerze.

Familienbild aus früheren Zeiten mit Sohn und Tochter.

Dennoch versuchte PD, soweit es Krankheits- und Erholungsphasen zuließen, seine Arbeit fortzusetzen; zum einen als beratender Ingenieur, zum anderen mit Erfindungen, wie die Korrespondenz mit dem Münchener Patentamt belegt. Insbesondere aufgrund der gesundheitlichen Probleme wurde die Kooperation mit der Daimler-Benz AG unterbrochen. Es existiert übrigens ein Briefentwurf von PD an den Aufsichtsratsvorsitzenden der Daimler-Benz AG von Stauss, in dem er die Unternehmensentwicklung recht kritisch skizzierte, sich selber indes als potentiellen Problemlöser anbot. Sein Anwalt riet ihm allerdings davon ab, den Brief so zu versenden. Das Argument: von Stauss habe in seiner langjährigen Rolle als Aufsichtsratsvorsitzender sowohl der Daimler-Motoren-Gesellschaft als auch der Daimler-Benz AG die Entwicklung ja mitverantwortet.
Paul Daimler beschäftigte sich als Automobilpionier der ersten Stunde auch intensiv mit der Rezeption der Anfangsjahre und der Rolle des eigenen Vaters. Im Deutschen Museum war er im Kuratorium für die Kraftfahrzeugausstellung.
Bei der Daimler-Benz AG hatten nach der Fusion 1926 vor allem Benz-Mitarbeiter, allen voran Wilhelm Kissel als Generaldirektor (wie der Vorstandsvorsitzender damals hieß), das Zepter übernommen. Von den alten DMG-Führungskräften war kaum noch jemand anwesend, auch Berge hatte das Unternehmen verlassen. Als dann im Rahmen der Feierlichkeiten zu »50 Jahre Automobil« im Jahr 1936 Carl Benz immer stärker als Erfinder des Automobils in den Fokus geriet und sogar in Mannheim ein Denkmal mit selbiger Inschrift enthüllte wurde, war dies für PD geradezu unerträglich. Den Gedanken, in welcher Form auch immer, wieder in das väterliche Unternehmen zurückzukehren, hatte er wohl auch ventiliert. Doch nicht nur er. Nach dem Wahlsieg der NSDAP und der daran anschließenden Machtergreifung versuchte die NS-Betriebszelle der Daimler-Benz AG Paul Daimler wieder in leitender Position dortselbst unterzubringen. Hier ein

stürzten Umzugs nach Berlin mit großem Verlust verkaufen musste. Beim Ausscheiden aus Argus MG musste ich, um überhaupt Mittel zum Lebensunterhalt zu haben, den Rest dieser Grundstücke mit noch größerem Verlust verkaufen, der von sachverständiger Seite beinahe auf die Hälfte des Gesamtwertes geschätzt worden ist. Meine Aktien hatte ich fast ganz zur Abtragung von Schulden und für den Erwerb des Grundstücks in Dahlem verkaufen müssen. Ich darf zu Ihrer völligen Orientierung noch hinzufügen, dass die jetzt herabgedrückten Steuern und Zinsen bei einer Einnahme wiederaufleben und einen wesentlichen Teil der Einnahmen verschlingen würde. Obige Ausführungen, die Ihnen, sehr geehrter Herr Doktor, wohl vollauf genügen werden, abzugeben, ist für mich, wie Sie ohne weiteres verstehen werden, nicht leicht. Besonders wenn man wie ich Jahrzehnte intensiver und, ich darf wohl sagen erfolgreicher Arbeit hinter sich hat. Mir wäre es natürlich lieber, weiter meine Ideen verwirklichen zu können und so durch Arbeit meinen und meiner Familie Lebensunterhalt zu verdienen, anstatt ein Ruhegehalt zu beziehen. Aber vorläufig muss für mich die Sicherstellung meiner Familie im Vordergrund stehen.«[130]
Dr. Scholz wandte sich sowohl an Daimler-Benz wie auch an die Auto Union, deren Marke die Firma Horch ist, um über einen Ehrensold für PD zu beraten. Es kam zu der Entscheidung, dass die Auto Union zusammen mit dem Reichsverband der Automobilindustrie 500.- Mark und Daimler-Benz die gleiche Summe monatlich bereitstellte. Diese Vergütung wurde zunächst für die Dauer von fünf Jahren garantiert. Diese Angelegenheit wurde bei Daimler-Benz an höchster Stelle verhandelt. Dr. Wilhelm Kissel, seit der Fusion der DMG mit Benz & Cie. 1926 zur Daimler-Benz AG Generaldirektor (Vorstandsvorsitzender), und Aufsichtsratsvorsitzender Staatsrat Dr. Emil Georg von Stauss von der Deutschen Bank, der diese Rolle schon zu DMG-Zeiten wahrgenommen hatte, waren persönlich mit dem Kasus betraut. Zudem konnte man Dr. Moritz Straus dazu bewegen, PD die für Darlehen aufgelaufenen Zinsen zu erlassen und ihn bis 1936 zinsfrei zu stellen. Das Haus »Auf dem Grat 20« musste wohl verkauft werden, aber es gelang PD, in der gleichen Straße eine wohl günstigere Immobilie zu erwerben, die neue Adresse lautete nun »Auf dem Grat 47«.

Das neue Haus der Familie Daimler, Auf dem Grat 47.

[130] Daimler-Archiv, Bestand PD, Brief vom 29.3.1934 von Paul Daimler an Dr. Scholz, Reichsverband der Automobilindustrie, Berlin.

Die Familie zusammen mit dem Schwiegersohn Oberst Glase beim sonntäglichen Kaffeetrinken.

Die Daimler-Benz AG hielt in den kommenden Jahren den Kontakt zu PD. Der damalige Firmenhistoriker Max Rauck arbeitete mit ihm zusammen Teile der Frühgeschichte des Unternehmens auf. PD erstellte ein dreibändiges Fotobuch, wofür er 1.500 Mark erhielt.
Anlässlich »50 Jahre Automobil« schenkte die Daimler-Benz AG der Familie Daimler einen 2-l-Mercedes-Benz. Die Entscheidung für die Karosserievariante traf die Dame des Hauses, ebenfalls begeisterte Autofahrerin und an Zuverlässigkeits- und Sternfahrten teilnehmend. Frau Daimler wählte ein Cabrio B (zwei Türen, vier Sitze, vier Seitenfenster) der Baureihe W 21 mit langem Radstand. Dieser Typ wurde zwischen 1934 und 1936 produziert, leistete 40 PS und erreicht eine Spitzengeschwindigkeit von 93 km/h. Der Wagen kostete über 6.000 Mark und war somit ein durchaus großzügiges Geschenk der Firma. Somit war man im Hause Daimler wieder adäquat motorisiert. Artig bedankte sich Paul Daimler bei Jakob Werlin:
»Sehr geehrter Herr Werlin! Für den auf Beschluss des Vorstands der Daimler-Benz AG mir zum Geschenk gemachten Wagen möchte ich auch Ihnen zugleich im Namen meiner Frau meinen allerherzlichsten Dank zum Ausdruck bringen. Dass der Wagen im ganzen Hause eine unbändige Freude ausgelöst hat, werden Sie sich vorstellen können.«
Am 16. September 1938 schrieb PD an den Reichsminister für Volksaufklärung und Propaganda Dr. Josef Goebbels, nachdem dieser in seiner Laudatio vom Vortag anlässlich der Preisverleihung des von Hitler neu gestifteten »Deutschen Nationalpreises für Kunst und Wissenschaft«[131] Ferdinand Porsche fälschlich zum »Konstrukteur des ersten Mercedes Kompressor Wagens« gemacht hatte:
»Sehr geehrter Herr Minister! Die wörtlich übereinstimmende Fassung des Lebenslaufes von Herrn Dr. Porsche in den Tageszeitungen vom 7. September 1938 hat mich, da der Lebenslauf hinsichtlich der Schaffung des Kompressor-Wagens einen mich persönlich stark berührenden Irrtum enthält, zu einer Anfrage bei der Schriftleitung des ›Berliner

[131] Weitere Preisträger waren 1938 Ernst Heinkel, Willy Messerschmitt und Fritz Todt.

Mercedes-Benz 2 l, Cabrio B mit langem Radstand.

Lokal-Anzeiger‹ und des ›Zwölf-Uhr-Blatts‹ veranlasst. Ich lege von dieser Anfrage vom 7. September 1938 Durchschlag und Photokopien der Antworten der Schriftleitung beider Zeitungen bei. Für Ihre weitere Orientierung überreiche ich noch das Heft Nr. 20 der ›Motor Kritik‹ vom Jahre 1935 mit einem Aufsatz (S. 675/682) über die Entstehung des Kompressor Wagens in der Daimler-Motoren-Gesellschaft und das Heft Nr. 33 vom Jahre 1938 der Z.V.D.I mit dem Aufsatz von Herrn Prof. Dr. Ing. Kamm (Seite 947/48), der auch kurz auf diesen Punkt eingeht, der zeitlich durch die seinerzeit auf meine Veranlassung genommenen Patente nachweisbar ist. Ich darf annehmen, dass Sie nach Kenntnis dieser Unterlagen meine Bitte nach einer der weitgehenden Verbreitung des erwähnten Irrtums entsprechende Richtigstellungen verstehen, und werde Ihnen dankbar sein für die Mitteilung geeigneter Vorschläge dafür. Selbstverständlich stehe ich zu einer persönlichen Besprechung jederzeit gerne zur Verfügung und werde es begrüßen, wenn bei dieser Besprechung auch mein langjähriger Mitarbeiter Herr Oberingenieur Schwerdtfeger teilnehmen darf, in dessen Hände seit 1917 die praktische Entwicklung des Kompressors für Flugmotoren und seit 1919 für Wagenmotoren gelegen hat. Wir beide können Ihnen dann authentisches Material über die zeitliche Entstehung des Kompressor-Wagens vorlegen.«[132]

Goebbels indes hatte nicht die Größe, seinen Fehler bzw. den seiner Redenschreiber öffentlich zu machen: es kamen lediglich beschwichtigende Antworten aus dem Reichministerium für Volksaufklärung und Propaganda, in denen PD inhaltlich schlussendlich Recht gegeben wurde, zu einem öffentlichen Dementi aber kam es nicht.

1939 feierte PD seinen 70. Geburtstag. Die literarische Abteilung der Daimler-Benz AG gab zu diesem Anlass eine zweiseitige Presseerklärung heraus, die auf die vielen konstruktiven Verdienste wie den Vierradantrieb und den Kompressor-Motor von PD abhob. Auch die Rennerfolge von 1908 und 1914 blieben dabei nicht unerwähnt, ebenso wurde auf seine Vorreiterrolle hinsichtlich der deutschen Kompressor-Rennwagen eingegangen. So gesehen schien sich in der reichsdeutschen Historiographie zur Geschichte des Automobils und seiner Erfindungen alles zum Guten zu wenden.

Doch dann kam der 3. September 1940: Ferdinand Porsches 65. Geburtstag. Das nationale und internationale Medienecho war groß, immerhin war Porsche der Konstrukteur des KdF-Wagens und betraut mit dem Bau des Volkswagenwerks in Wolfsburg. Auch Reichskanzler Adolf Hitler war fasziniert von Porsche und seinen Arbeiten.[133] Es kam wie es kommen musste: viele orientierten sich in ihrer Berichterstattung an der Goebbels-Rede von 1938 und wärmten die alten Irrtümer wieder auf. Sehr zum Leidwesen von PD, der geglaubt hatte, dies hinter sich zu haben. Entsprechend groß war dann auch seine Empörung, und so schrieb er erneut am 7. Oktober 1940 an jenen Mann, dem er dies zu verdanken hatte:

[132] Brief von PD an Reichsminister Dr. Goebbels vom 16.9.1938, im privaten Nachlass der PD-Enkelin Beate Nagorsni.
[133] Vgl. Simsa, Paul: »Hitler, Käfer, Volksbetrug. Wie Ferdinand Porsche den ›Führer‹ faszinierte.« Wallmoden 2004.

Paul Daimler mit 70 Jahren.

PD zusammen mit einem Gratulanten.

Ausschnitte aus der berühmten Glückwunschrolle des Allgenmeinen Schnauferl Clubs (ASC).

Geheimrat Dr. **Opel's** Miene
In seiner Opel-„Rennmaschine"
Strahlt heiter — fröhlich in die Welt,
Indes er sein Geschenk festhält.
Sein Schwiegersohn, der Konsul **Sachs,**
Bringt keine Austern, keinen Lachs,
Man sieht ihn still im Fond verharren,
Auf seinem Schoße die Zigarren.

In eines Baumes starken Aesten
Die Renngenies, die allerbesten!
Sie fühlen alle sich sehr wohl da:
Von **Brauchitsch** seh' ich, **Caracciola.**
Von diesen gar nicht weit entfer-net
Sehr munter auch der Meister **Bernet.**
Und einer noch den Baum erklimmt,
Vor dem Gendarm Reißaus er nimmt.
S'ist **Charlie Kappler,** oh, wie nett,
Der vierte Herr in dem Quartett.

Doch wer sitzt sinnend da ein bissel?
Mir scheint, es ist Herr Dr. **Kissel!**
Und Dr. **Nibel,** ihm zur Linken,
Will augenscheinlich etwas trinken!
Des Daimler Wagens Konstruktion
Verdiente viel Beachtung schon,
Denn **Gottlieb Daimler,** der ihn schuf,
Begründete des Hauses Ruf.

Ein Gendarm, er ist per pedes,
Er notiert sich den Mercedes,
Weil durch ihn, was nicht erfreut,
Eben erst ein Pferd gescheut.
Denn der Gaul sah wohl noch nie
Diesen Wagen des „Grand Prix"!
Schau, das Pferd tanzt einen Walzer,
Und es hält ihm der Herr **Salzer**
Zwecks Beruhigung der Ekstase
Den Kanister vor die Nase!
„Bitte, haben Sie Erbarmen!",
Sagt Herr **Sailer** zum Gendarmen!

Auf dem lustigsten Vehikel,
Nämlich einem monocycle,
Einer ulkigen création
Mit 'nem mächtigen Ballon,
Rollt Herr **Willy Tischbein** einsam —
Mit den andern doch gemeinsam.

Dr. **Rumpler,** höchst persönlich,
Fährt natürlich wie gewöhnlich
Und mit merklichem Behagen
Seinen schnitt'gen „Tropfen"-Wagen!
Fritz Günther auf dem Nebensitz
Sinnt lebhaft auf den neu'sten Witz!
Mit den Herren noch im Bund
Wilhelm Hoffmann und **Hans Pundt.**
Der Letztere wollt', man soll nicht stutzen,
Sein Hochrad heute nicht benutzen.

Im Augenblick funkt nach Berlin
An die B. Z. Herr **Grüttefien**
Die großen Namen aller derer,
Die als des Jubilars Verehrer
Sich freudig des Geburtstags wegen
Nach seinem Wohnsitz hinbewegen.

Ganz eilig läuft auf Schusters Rappen —
Man hört die Schritte förmlich klappen —
In großem Tempo, immer schneller,
Mit „Asbach-Uralt" — **Wilhelm Keller.**

Im nächsten Fahrzeug, das ich seh',
Im antiquierten N. A. G,
Von Ernst bewegt, ganz ungeheuer,
Sitzt Dr. **Isbert** an dem Steuer.

Senator **Rott,** Humor entfaltend,
Das Sektglas in die Höhe haltend,
'ne Kiste Sekt verdeckt fast ganz
Im Fond den Schnauferlbruder **Pfanz!**

Seht in der Luft den hellen Glanz —
Ein Luftschiff ist's von Schütte-Lanz.
Auf dieser „Aetherwellenhütte"
Sitzt selber Herr Geheimrat **Schütte.**

Im Hanomag, dem „Autozwerch",
Der Generalkonsul **Hans Lerch.**

Als ob er führ' ins Paradies
Herr **Benno Brauda** aus Paris —
So rollt entlang er die Chaussee
Als Bruder unseres A. S. C.

Im Hintergrunde raucht der nette
Herr **Mittag** seine Zigarette.

Im Vordergrund für die „Union"
Bei einer neuen Konstruktion
Man den Herrn Dr. **Porsche** sieht,
Als grad' er seine Kreise zieht.

Dahinter lacht sich beinah' tot,
Zigarre rauchend — **Ewald Kroth.**
Der all' die Wagen hat gestartet
Und offenbar auf weitere wartet!

Ein Kugellager treibt mit Liebe
Herr Generaldirektor **Riebe.**

Vom Münchener Frauenturm hernieder —
Natürlich bei 'nem Maßkrug wieder —
Nickt grüßend zu dem Freundeskreis
Herr **Braunbeck** und der **Emil Kneiß.**

Wer schickt sich da zu knipsen an?
Jacoby ist's — der Fotomann!

Im Wagen kippt von seinem Stuhl
Der Clubmaler — **Max Schaberschul,**
Weil er den Meilenstein nicht sah,
Liegt er mit seinem Roller da!

Nun klinge hell aus heit'rer Kehle —
Wobei nicht eine einz'ge fehle —
Schon bei der Durchfahrt durch das Tor
Ein „Vivat — Floreat" empor!
Es steig hinan zum Himmel steil
Ein dreifach kräftig „Schnauferl-Heil"!!!

Das Präsidium

Aus dem Inhalt

erhalten, denn damals wurde uns das Denken gelehrt. Heute fußt man auf Erfahrungswerte, braucht nicht mehr so viel aus dem Selbst zu schöpfen, hat mehr Hilfsmittel zur Hand. Ich merkte damals schon, wie schwer es der Konstrukteur hat, wenn der Kaufmann immer hinter ihm steht und zur Herausbringung des „neuen Modells" drängt, damit Geld verdient wird. Es war falsch, denn ein zu früh herausgebrachtes Modell kostete auch damals mehr Geld als es einbrachte.

Wann haben Sie die erste selbstständige Arbeit erhalten?

1897 sollte ich einen Eisenbahntriebwagen bauen. Das Fahrzeug hatte Vierganggetriebe und ein Wendegetriebe, so daß es nach beiden Richtungen gleichsinnig fahren konnte. Auch der erste Straßenbahnwagen wurde damals von uns gebaut.

Wann liefen Motorwagen in größerer Zahl im Verkehr?

Bereits 1895 liefen eine Anzahl Daimler-Wagen als Taxameter der Greinerschen Gesellschaft in Stuttgart. Die Wagen hatten einen Zweizylinder-Heckmotor, Vierganggetriebe und Riemenantrieb direkt auf die Hinterräder.

Und wann schufen Sie selbst den ersten Motorwagen?

Ende 1897 erhielt ich den Auftrag, einen kleinen Motorwagen zu schaffen. In einer Zeit von etwa 18 Monaten, soviel brauchte man damals, konnte ich die Aufgabe erfüllen. Der Wagen erhielt einen Zweizylinder, der vorne angeordnet war, Stirnradantrieb, Vierganggetriebe und die Federbandkupplung, die später noch große Bedeutung für die Mercedes-Wagen habe sollte. Auch wurde hier die Regulierung des Brennstoffes stat der Luft vorgenommen. 1899 wurden die ersten Vierzylinde gebaut.

Was machten Sie nach dem plötzlichen Hinscheiden Ihre Vaters?

Bald nach dem Tode meines Vaters verließ ich Untertürk heim und ging nach Oesterreich, wo ich den Auftrag erhielt eine neue Gesellschaft zur Erbauung von Motorwagen zu schaf fen. Es gelang mir auch die österreichische Daimler-Gesellschaf zu einem Musterbetrieb zu gestalten. Zuerst gab es große Hin dernisse, doch bald fand ich, die Materialkenntnis fing an ein Bedeutung zu erlangen, im steyrischen Erz ein vorzügliche Rohmaterial, das mir erlaubte, 1905 und 1906 Rennwagen z bauen, die große Erfolge errangen. Man ließ mir freie Hand un so konnte ich damals schon für Militärzwecke den Vierrad antriebwagen schaffen, der leider aus finanziellen Gründen nu in beschränkter Zahl gebaut werden konnte. In den schlechte Straßen Ungarns, Bosniens ergab sich seine Notwendigkeit Zuerst hatte der Wagen drei Ausgleichsgetriebe, doch ließ ic das mittlere bald weg und auch das hintere konnte durch ein Sperre ausgeschaltet werden.

Also wie die heutigen Sperrdifferentiale, die man im Ge ländesport benötigt!

Jawohl. Vorne hatte ich keine Gelenke, sondern Kegel räder, so daß die eisenbereiften Räder stets einen technisc einwandfreien Antrieb hatten. Im Herbst 1905 ging ich zurüc nach Untertürkheim und hatte da unendlich viel Kleinarbei die jedoch für die Zufriedenheit des Kunden ausschlaggeben ist. Der Vergaser wurde durchgearbeitet, die Zündung wurd verbessert, die Schmierung mußte unbedingt zuverlässig we den. Alles Arbeiten, die nach nichts aussahen, aber viel Ze und Mühe kosteten. Die Rennen waren darin von größter B deutung. So wichtig es auch ist und immer sein wird, daß de Fahrer im normalen Verkehr vorsichtig und fahrzeugschonen fährt, so bedeutungsvoll und entscheidend ist es, daß in de Rennen das Material bis an und über die Grenze seiner Leistung fähigkeit beansprucht wird. Denn nur dadurch erkennt ma diese Grenzen, nur dadurch kann man die schwachen Gliede der Kette verstärken.

Wie ging die Entwicklung nun weiter?

Wir hatten dann keine Zeit zum Ueberlegen. Auf Grun der Arbeiten mit Flugmotoren, die schon damals mit hängende Zylindern gebaut wurden, übernahm ich den Stahleinzelzyli der für die Grand Prix-Wagen 1914, durch den dreifache Sieg dieser Cardanwagen in Frankreich gekrönt. Auch d Schiebermotor wurde in die Wirklichkeit umgesetzt. Er lehr uns, daß ein Motor auch leise sein kann, zwang uns zur hôc sten Genauigkeit und Sorgfalt und hat damit unseren Ruf g festigt. Im Kriege waren wir für das Vaterland tätig. Nebe dem bekannten Flugmotor haben wir auch den Tank A 7 V, Zweimotorenbomber gebaut und Motore für U-Boote. Der 191 von mir beabsichtigte Kompressor nach dem Roots-Prinz wurde leider für Flugzeuge abgelehnt, und erst 1920 wurde im Wagen verwandt.

Zu den Arbeiten der damaligen Zeit sagte ja der Run

(3606) Das erste Automobil der Welt: Benz-Motorwagen von 1885
Werkbild

(3608) Benz „Comfortable" (3 PS) aus dem Jahre 1898, erstmalig m Pneumatiks bereift
Werkb

610) Der erste Daimler-Motorwagen von 1901 mit dem Markennamen Mercedes". Vierzylindermotor, 35 PS, magnet-elektrische Zündung. Höchstgeschwindigkeit etwa 72 km/st, Preis etwa 20 000 Mark Werkbild

ınk: „. . . und Baurat Daimler hat wie ein Löwe für die Erıltung und Festigung der Arbeitsstätte gekämpft."

Ja, es waren schwere Zeiten. 1922 ging ich zu Horch und abe dort den ersten deutschen Reihenachtzylinder geschaffen, er 1927 fertig wurde und noch ruhiger war als der Schiebertotor. Da der Zündapparat störte, ließ ich von Bosch eine Batriezündung bauen, die sich ja heute allgemein durchgesetzt at. Angelehnt an meine österreichischen Arbeiten baute ich uch den Horch-Geländewagen mit Vierradantrieb, der heute och hergestellt wird. Er hatte zwei Ausgleichgetriebe und an er angetriebenen Achse zwei Gelenke.

Und was wollen Sie, Herr Baurat, nach der vollen Genesung on Ihrer jahrelangen Krankheit, jetzt mit ihrer so reichen Erahrung anfangen?

(3609) Das erste Opel-Automobil: „Der Opel Patent-Motorwagen, System Lutzmann", aus dem Jahre 1898. Hinten liegender Einzylindermotor. Riemen- und Kettenantrieb. Zweigang-Vorgelege Werkbild

Ich sehe meine Hauptaufgabe in der Erforschung und Klärung prinzipieller Fragen, damit daraus die Nutzanwendung für den modernen Kraftfahrzeugbau gezogen werden kann, zum Nutzen für den Verbraucher, der noch viele und dringende Wünsche an die Industrie zu stellen hat, aber auch zum Nutzen für die Industrie, die keine Zeit hat, diese Arbeiten mit der notwendigen Sorgfalt und dem nötigen Abstand von den Dingen auszuführen! E. V.

Stahl - ein Leichtbaustoff

Es ist bemerkenswert, daß vielfach der Glaube herrscht, daß ie für den Leichtbau in erster Linie oder gar ausschließlich in 'rage kommenden Baustoffe die Leichtmetalle seien. Und es virkt geradezu befremdlich, daß der als „Schwermetall" beannte Stahl ein idealer, ja vielleicht in vielen Fällen der besteeignetste Leichtbaustoff sein soll. Die Erklärung hierfür ergibt sich aus dem Umstand, daß es beim Leichtbau nicht darauf

(3401) Flugzeugteil in der Stahl-Leichtbauweise hergestellt

ankommt, daß der verwendete Baustoff an und für sich mögichst wenig wiegt. Entscheidend ist vielmehr zumeist das Verhältnis seines Gewichts zu seinen Festigkeits- und Elastiziätseigenschaften. Das heißt, daß, wenn zum Beispiel ein tützender Balken möglichst wenig Eigengewicht haben soll, nan ihn nicht unbedingt aus einem sehr leichten Material hertellen muß. Man wird dafür sogar vielleicht zweckmäßig einen Werkstoff wählen, der auf seine Mengeneinheit bezogen schwerer st, dessen Festigkeitseigenschaften aber besonders günstig sind. Dadurch kann man den Balken erheblich schwächer ausführen ınd dabei soviel Material sparen, daß er schließlich doch leicher wird, als wenn man ihn aus dem leichteren Stoff mit der geringeren Festigkeit hergestellt hätte. Im Stahlleichtbau werden Bleche verwendet, die sehr dünn sind (bis zur Stärke von Rasierklingen) aber hohe Güteeigenschaften, insbesondere eine ganz außerordentliche Festigkeit besitzen. Sofern Schrauben verwendet werden, sind auch diese leicht und stark. Nach Möglichkeit aber werden die Teile zusammengeschweißt, da man hierdurch viel Gewicht spart und Stahl sich auch besonders vorteilhaft schweißen läßt. Mit Hilfe einer besonderen Technik entstehen unter sorgfältiger Auswahl der für die Festigkeit bestgeeigneten Formen Gebilde, die mit einem geradezu zarten, zerbrechlichen Aussehen und größter Leichtigkeit erstaunliche Festigkeit und Sicherheit verbinden.

Der Stalleichtbau steht bei uns noch in den Anfängen seiner Entwicklung. In England, wo diese schon fortgeschritten ist, besitzt heute Stahl im Flugzeugbau wesentliche Bedeutung. Im übrigen ist man auch bei uns bei der neuen Klemm-Sportmaschine dazu übergegangen, den Rumpf als stoffbespanntes Stahlrohrgerüst auszubilden. Junkers hat vor 20 Jahren den ersten Eiseneindecker, den „Blechesel", gebaut. Es ist sicher anzunehmen, daß mit der weiteren Entwicklung und Verbreitung der Stahlleichtbautechnik diese eine entscheidende Rolle im Verkehrswesen spielen wird.

1939 gelang ihm dann doch der Verkauf des ihm noch verbliebenen Anwesens in Maulbronn an die Firma W. Schenk. Doch auch die dafür erhaltene Summe schien nicht ausgereicht zu haben, die finanzielle Malaise zu beenden. Im gleichen Jahr bat PD die Daimler-Benz AG um die Verdopplung seines Ehrensolds von 500 Mark und die Zusage, diese Summe bis zu seinem Lebensende zu erhalten. Dr. Kissel entsprach diesem Wunsch und schrieb auch an den Reichsverband der Automobilindustrie wie folgt:

»Wir nehmen aber Veranlassung, Sie höfl. zu bitten, Herrn Baurat Daimler die von Ihnen bisher gewährte Beihilfe auch weiterhin zuzugestehen und ihm diese, wenn irgend möglich, bis zu seinem Lebensende zu garantieren. Herr Baurat Daimler ist ein um die deutsche Automobil- und Motoren-Industrie sehr verdienter Mann, so dass es wirklich vertretbar ist, wenn der RdA eine solche Verpflichtung übernimmt. In gleicher Weise bitten wir Sie, auch die Auto-Union zu veranlassen, Herrn Baurat Daimler die bisher gezahlten Vergütungen ebenfalls weiterhin, bis zu seinem Lebensende, zu geben.«[135]

Zu seinem 75. Geburtstag veröffentlichte die »Literarische Abteilung« der Daimler-Benz AG (so nannte sich damals die Presseabteilung) 1944 wiederum eine zweiseitige Mitteilung, in der unter anderem zu lesen stand:

»Paul Daimler war von frühester Jugend an Helfer seines Vaters und immer der erste, der die neuen Fahrzeuge ausprobierte. Nach Vollendung seiner Studien an der Technischen Hochschule Stuttgart wurde er 1897 Konstrukteur bei der Daimler-Motoren-Gesellschaft. 1902 bis 1905 leitete er die Österreichische Daimler-Motoren-Gesellschaft in Wiener Neustadt, kehrte 1905 nach Untertürkheim zurück und war von 1907 bis 1922 Vorstandsmitglied und Chefkonstrukteur der Daimler-Motoren-Gesellschaft. Mit dem Namen

[135] Daimler Archiv, Bestand PD, Brief von Dr. Kissel an die Geschäftsführung des Reichsverbands der Automobilindustrie, Berlin, 1.4.1939.

PD zusammen mit Wilhelm Kissel beim 90. Geburtstag von Bertha Benz in Garten des Benz-Hauses in Ladenburg.

Paul und Helene Daimler am 75. Geburtstag von Paul.

Die Grabstätte von Paul Daimler auf dem Waldfriedhof Dahlem am Rand des Forstes Grunewald.

Paul Daimlers ist eine Anzahl bedeutender technischer Leistungen auf dem Gebiet des Automobil- und Motorenbaus eng verknüpft. So schuf Paul Daimler im Alter von knapp 30 Jahren im Auftrag seines Vaters den sogenannten ›Paul-Daimler-Wagen‹, der eine Reihe von grundsätzlichen Neuerungen aufwies ...« Nach Aufzählung derselben, einer Skizze seines beruflichen Werdegangs und seiner technischen und motorsportlichen Erfolge schließt die Meldung wie folgt: *»Paul Daimler kann am Tag der Vollendung des 75. Lebensjahres auf eine reiche schöpferische Arbeit zurückblicken; er nimmt einen ehrenvollen Platz in der Reihe der deutschen Kraftfahrt-Pioniere ein, die mit Gottlieb Daimler zusammen mit Karl Benz eröffnet. Als Hüter und Mehrer des väterlichen Erbes hat Paul Daimler einen bedeutenden Anteil an der Weltgeltung deutscher Technik. Deshalb ist an seinem 75. Geburtstag Anlass, des hervorragenden deutschen Ingenieurs Paul Daimler und seiner schöpferischen Leistung dankbar zu gedenken.«*[136] Dem so Geehrten sollte nicht mehr viel Zeit bleiben. Immer stärker machte sich im Alter die angeschlagene Gesundheit bemerkbar. Überdies entwickelte sich die Versorgungslage immer prekärer. Der Luftkrieg hatte Berlin nachhaltig zerstört, und im Frühjahr stand die Rote Armee vor den Toren der Stadt. Der Krieg endete am 8. Mai 1945 mit der bedingungslosen Kapitulation der Wehrmacht. Für die Zivilbevölkerung bedeuteten die ersten Jahre der Nachkriegszeit Mangel und Verzicht, bevor es langsam aufwärtsging. PD sollte den Aufschwung nicht mehr erleben; er starb am 15. Dezember 1945.

[136] Daimler Archiv, Bestand PD, Pressemitteilung der Daimler-Benz AG vom 13.9.1944.

Resumee

»Nicht aber Idee, gute Ausführung ist Hauptmoment.« Diesen Satz hatte Gottlieb Daimler während seiner Deutzer Zeit in sein Tagebuch geschrieben; er könnte das Lebensmotto Paul Daimlers sein, obwohl es an Ideenreichtum bei ihm gewiss nicht mangelte.

Von 1907 bis 1922 war er technischer Kopf der Daimler-Motoren-Gesellschaft, somit 15 Jahre in leitender Position und insgesamt nahezu 25 Jahre im Unternehmen. Einerseits hätte sich zweifelsohne die Geschichte der DMG anders entwickelt, wäre sein Bruder Adolf Daimler 1913 nicht überraschend verstorben. Beide Brüder hatten als Vorstände eine starke Stellung in der Firma und kooperierten auf das Engste. Gegen diese Konstellation hätte Berge nie eine Intrige gewagt und ein von Stauss eine solche nie befördert. Andererseits: Seine großen Erfolge bezüglich seiner Erfindungen und technischen Entwicklungen und die damit verbundenen Ehrungen wie etwa die Ernennung zum Baurat durch den König von Württemberg haben ihn offenbar in dem Glauben bestärkt, für die DMG unverzichtbar zu sein. Als man seinen Forderungen dort nicht entsprach, reagierte er fast trotzig und verließ das Unternehmen.

Mit seinem Engagement bei der Argus-Motoren-Gesellschaft in Berlin kam PD vom Regen in die Traufe. Die Hoffnung auf eine fruchtbare Zusammenarbeit mit Dr. Moritz Straus, die so glänzend mit der Konstruktion des Achtzylinder-Motors begonnen hatte, sollte sich à la longue nicht erfüllen. Am Ende waren seine technischen Visionen nicht mehr gefragt. Letztlich stimmte seine Überzeugung, dass das von ihm Geleistete auch zu entsprechenden finanziellen Konsequenzen führen würde, nicht mit der Realität überein. Verhängnisvoll wirkte sich nun auch seine jahrelange Gleichgültigkeit gegenüber der Notwendigkeit vertraglicher Absicherungen aus. Und wieder einmal war er, wie schon 1922, im Konfliktfall nicht kompromissbereit. Er warf hin. Dass er sich und seine Familie damit in eine prekäre Situation brachte, hatte er zu diesem Zeitpunkt offenbar noch nicht erkannt.

Auch seine erhoffte Rückkehr ins Werk seines Vaters sollte sich als Chimäre herausstellen. Längst dominierten dort die ehemaligen Benz-Mannen um Dr. Wilhelm Kissel das Geschehen. So stand man in Stuttgart den Elogen, die Paul Daimler bezüglich seines konstruktiven Genies von verschiedener Seite entgegengebracht wurden, kritisch gegenüber. 1933 gar wurde wohl im Auftrag der Unternehmensleitung der Daimler-Benz AG eine Aufstellung angefertigt, in der die ihm zugeschriebenen Erfindungen und Innovationen Punkt für Punkt kritisch hinterfragt wurden. Neben dem Knight-Motor und dem Kompressor-Motor war dies auch der Allradantrieb.

Hauptargument in allen Fällen: die Grundsatzerfindung stamme von anderer Seite, PD hätte nur darauf aufgebaut. Insgesamt umfasst die beckmesserische Auflistung 16 Aspekte, in der der Opponent die positiven Anmerkungen eines Herrn Schrader zu den Erfindungen und Aktivitäten Paul Daimlers argumentativ konterkariert.[137] Dabei präsentiert der Autor Sachverhalte so, dass die Bewertung ins Negative tendiert, wie etwa im Fall des Kardan-Antriebs. Indem er Paul Daimler, was richtig ist, die Grundsatzerfindung desselben abspricht, reduziert er dessen Verdienst, diesen bei der DMG eingeführt zu haben; ähnlich die Argumentation beim Kompressor-Motor. Natürlich war der Luftverdichter schon lange bekannt, aber nicht im Automobilbau; da hat ihn Paul Daimler eingeführt! Sein Nachfolger Ferdinand Porsche baute darauf auf, und so kann man PD durchaus zum Urahn der Mercedes-Benz-Kompressorwagen erklären.
Auch beim Vierradantrieb lagen schon Grundsatzpatente vor. Es war indes Paul Daimlers Verdienst, diesen konstruktiv funktionsfähig umzusetzen; dafür erhielt er auch entsprechende Konstruktionspatente. Zu diesem Zeitpunkt fürchteten wohl einige, er könne in die väterliche Firma zurückkommen, deren Entwicklung er von Anfang an auf das Engste begleitet hatte. Um dies zu verhindern, beschädigte man den Nimbus, den PD sich dank seiner jahrelangen Tätigkeiten erarbeitet hatte. Auch die Einführung des Schiebermotors bei der DMG wurde kleingeredet. Obwohl er mit eigenen Varianten dieser Steuerungsart experimentiert hatte, entschied PD sich für die Ausführung von Charles Y. Knight, verbesserte diese aber im Lauf der Entwicklung zu einer der betriebssichersten dieser Bauart. Selbstredend unterschlug der Anonymus in diesem Zusammenhang auch so herausragende Konstruktionen wie die Rennwagen von 1908 und 1914, ebenso seine Luftschiff- und Flugmotoren, die zusammen mit den Marinemotoren das Oeuvre Paul Daimlers ausmachen, der mit zu den Pionieren der Motorisierung zu zählen ist und der die technische Entwicklung der Daimler-Motoren-Gesellschaft nachhaltig geprägt hat.
Dass er am Ende mit leeren Händen dastand, war bitter. Wiederholte sich hier, was schon Vater Gottlieb durchleben musste und was wohl auch den ältesten Sohn keineswegs unbeschädigt ließ? Die eigene Firma verlassen zu müssen, von den Kompagnons ausgebootet ... Sein Glaube an das technische Genie des Machers Gottlieb Daimler war bis zu seinem Ende ungebrochen. Mit ihm solidarisierte und identifizierte er sich im Guten wie im Schlechten. Das gab ihm das Vertrauen in das eigene Können, aber auch einen verhängnisvollen Stolz, der ihn bisweilen zum Kompromiss unfähig werden ließ, wann immer andere ihm gegenüber eine Grenzlinie überschritten hatten.

[137] Daimler Archiv, Bestand Paul Daimler, Notiz vom 9.11.1933.

Der Wolf im Schafspelz: statt 45 PS nun 135 PS.

Mercedes 45 PS mit 135-PS-Grand-Prix-Motor, 1908

Die Basis dieses Wagens bildete ein Mercedes-45-PS-Wagen, in den ein 135-PS-GP-Motor 1908 implementiert wurde. Für den 1908 bestellten Tourenwagen weist das Kommissionsbuch ein Hub-Bohrungs-Verhältnis von 180/155 mm aus. Des Weiteren ist der Kommissons-nummer 5956 zu entnehmen, dass der Wagen mit einer Tonneau-Phaeton-Sport-Karosserie versehen wurde und zudem Getriebe und Hinterachse der Rennversion erhielt. Der Motor war ursprünglich in einem Reservewagen für den Großen Preis von Frankreich in Dieppe eingebaut. Diesen Wagen erhielt dann Baron de Carters für das Ostende-Rennen am 13. und 17. Juli 1908. Die Ergebnisse der Expedition lassen sich in Braunbecks Sport-Lexikon nachlesen.

Technische Daten

Motor	
Arbeitsverfahren	Viertakt-Otto
Anordnung im Fahrzeug	vorn, längs; stehend
Zylinder	Grauguss (paarweise zusammen-gegossen)
Zylinderzahl / -anordnung	4 / Reihe
Bohrung x Hub	155 x 180 mm
Hubraum	13585,82 ccm
Verdichtungs-verhältnis	4,5
Einlassventile	1 pro Zylinder, in der Mitte hängend, betätigt über Stoßstange und Kipphebel
Auslassventile	1 pro Zylinder, seitlich stehend
Ventilsteuerung	2 seitliche Nockenwellen, Antrieb über Zahnräder
Gemischbildung	1 Vergaser mit Luftvorwärmung
Kurbelwellenlager	3
Leistung	135 PS bei 1400 U/min
Schmierung	Schleuderschmierung
Kühlung	Wasserumlaufkühlung über Förderpumpe, Bienenwabenkühler
Anlasser	Andrehkurbel

Fahrwerk & Kraftübertragung	
Rahmenausführung	U-Profil-Pressstahl-Rahmen
Radaufhängung vorne	Starrachse
Radaufhängung hinten	Starrachse
Federung vorne	Halbfedern
Federung hinten	Halbfedern
Lenkung	Schraubenspindel, rechts
Bremsanlage (Fußbremse)	mechanisch (wassergekühlt) auf Antriebswelle wirkend
Feststellbremse (Handbremse)	mechanisch auf Hinterräder wirkend
Räder	Holzspeichenräder mit Stahlfelgen (nicht abnehmbar)
Reifen	vorn 910 x 105, hinten 935 x 135
Angetriebene Räder	Hinterräder
Kraftübertragung	Ketten
Getriebe & Fahrleistungen	
Schaltung	Kulissenschaltung, außen rechts
Getriebeart	Zahnrad-Wechselgetriebe
Höchst-geschwindigkeit	über 160 km/h
Abmessungen & Gewichte	
Chassis	2400 mm
Radstand	2750, 3225 oder 3525 mm
Spur vorne / hinten	1450 / 1450 mm
Gewicht des Fahrgestells	1250 kg

Mercedes-45-PS-Kettenwagen mit Afrika-Kolonialwagen-Karosserie, 1906

Mercedes-45-PS-Kettenwagen mit Afrika-Kolonialwagen-Karosserie.

Im Jahre 1905 entfiel der Zusatz »Simplex« in der Typenbezeichnung bei den Mercedes-Modellen: der 28/32 PS wurde in 35 PS und der 40/45 PS in 45 PS umbenannt. Letzterer und damit kein »Simplex«, sondern ein 45 PS, ist eine von PD weiterentwickelte Maybach-Konstruktion. Bei diesem Fahrzeug war die Vorderachse besonders gekröpft und somit das Chassis erhöht. Damit eignete sich das Fahrzeug ganz besonders für sein späteres Einsatzgebiet. Geliefert wurde es nach Argentinien an einen Rinderbaron, der es dazu nutzte, an Sonntagen über ausgetretene Rinderpfade in die Stadt zu fahren.
1909 kam es nochmals zu einer Änderung der Typenbezeichnung. Die im Verein Deutsche Motorfahrzeug-Industrielle (VDMI) kooperierenden Hersteller beschlossen die hubraumbezogene Steuerklasse als Bestandteil der Typenbezeichnung anzugeben (bei Viertaktmotoren entsprach ein Steuer-PS einem Hubraum von 261,8 ccm). Somit wurde aus dem Typ 45 PS am Ende der 26/45 PS. Von der Karosserie her nahm er die Afrika-Kolonialwagen Karosserie der Modelle 22/40 PS und 22/50 PS vorweg, die als einzige der Baureihe in dieser Ausführung noch über Kettenantrieb verfügten.

Technische Daten

Motor	
Arbeitsverfahren	Viertakt
Anordnung im Fahrzeug	vorn, längs; stehend
Zylinderzahl / -anordnung	4 / Reihe (paarweise angeordnet)
Bohrung x Hub	120 x 150 mm
Hubraum	6785 ccm
Ventile / Anordnung	1 Einlass, 1 Auslass / seitlich stehend (T-Anordnung)
Ventilsteuerung	2 seitliche Nockenwellen
Nockenwellenantrieb	über Stirnräder
Gemischbildung	Kolbenvergaser
Kurbelwellenlager	3
Leistung	bei 45 PS bei 1100 U/min
Schmierung	Tauchschmierung, Tropföler
Kühlung	Wasserkühlung / Pumpe; Ventilator, Bienenwabenkühler
Anlasser	Andrehkurbel mit Dekompressor
Zündung	Niederspannungsmagnet-Abreißzündung
Kraftstofftank	Anordnung unter Wagenheck
Kraftstoff-Förderung	Druck der Auspuffgase
Fahrwerk & Kraftübertragung	
Rahmenausführung	U-Profil-Pressstahl-Rahmen
Radaufhängung	vorn + hinten Starrachse
Federung	vorn + hinten Halbfedern
Lenkung	Schraubenspindel, rechts
Bremsanlage (Fußbremse)	mechanisch (wassergekühlt) auf Antriebswelle wirkend
Feststellbremse (Handbremse)	mechanisch auf Hinterräder wirkend
Räder	Holzspeichenräder mit Stahlfelgen (nicht abnehmbar)
Reifen	vorn 910 x 90, hinten 920 oder 1020 x 120
Angetriebene Räder	Hinterräder
Kraftübertragung	Ketten
Getriebe & Fahrleistungen	
Getriebe	Viergang-Schaltgetriebe
Schaltung	Schalthebel rechts außen oder innen (Kulissenführung)
Kupplung	Federbandkupplung
Getriebeart	Zahnrad-Schubgetriebe
Höchstgeschwindigkeit	75–80 km/h
Abmessungen & Gewichte	
Radstand	2750, 3225 oder 3525 mm
Spur vorne / hinten	1450 / 1450 mm
Gewicht des Fahrgestells	1250 kg
Allgemeine Daten	
Produktionszeitraum	1904–1910

Mercedes Cardan-Wagen 35 PS, 22/40 PS und 28/50 PS, 1908–1920

Mit dem Modell 35-PS-Cardan-Wagen im Frühjahr 1908 begann die Ablösung des Ketten- durch den Kardanantrieb. Durch die Vergrößerung des Hubraums 1909 änderte sich die Modellbezeichnung in 21/35 PS und in der Folge dann in 22/40 PS, das Nachfolgemodell schließlich wurde Mitte 1913 in 22/50 PS umbenannt. Dieses Modell war ebenso wie der 28/60 PS von 1912 bis 1914 auch noch als über Kette angetriebenes Fahrzeug erhältlich.

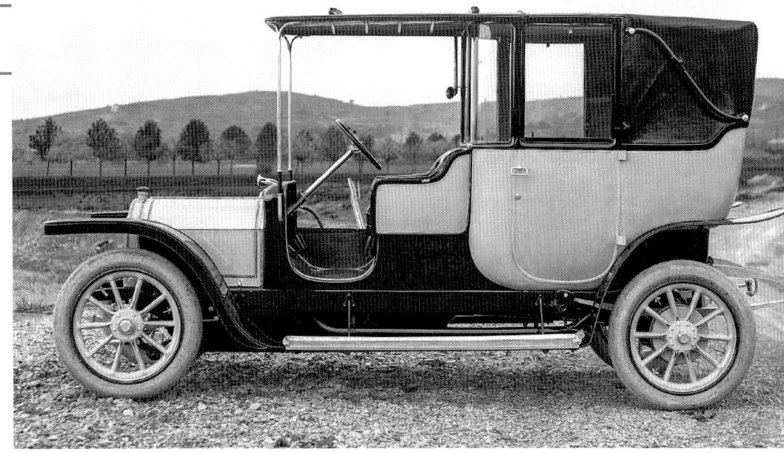

Mercedes 22/35 PS, Landaulet, Baujahr 1909.

Technische Daten

Motor	
Arbeitsverfahren	Viertakt
Anordnung im Fahrzeug	vorn, längs; stehend
Zylinderzahl / -anordnung	4 / Reihe (paarweise angeordnet)
Bohrung x Hub	110 x 140 mm
Hubraum	5319 ccm
Ventile / Anordnung	1 Einlass, 1 Auslass / seitlich stehend (T-Anordnung)
Ventilsteuerung	2 seitliche Nockenwellen
Nockenwellen-antrieb	über Stirnräder in der Mitte der Kurbelwelle
Gemischbildung	Kolbenvergaser
Kurbelwellenlager	3
Leistung	35 PS
Schmierung	Druckumlauf-Schmierung
Kühlung	Wasserkühlung / Pumpe
Anlasser	Andrehkurbel
Zündung	Doppelzündung (kombinierte Magnet- und Batteriezündung)
Kraftstofftank	Anordnung unter Wagenheck
Kraftstoff-Förderung	Druck der Auspuffgase

Fahrwerk & Kraftübertragung	
Rahmenausführung	U-Profil-Pressstahl-Rahmen
Radaufhängung vorne	Starrachse
Radaufhängung hinten	Starrachse
Federung vorne	Halbfedern
Federung hinten	Halbfedern
Lenkung	Schraubenspindel, rechts
Bremsanlage (Fußbremse)	mechanisch (wassergekühlt) auf Antriebswelle wirkend
Feststellbremse (Handbremse)	mechanisch auf Hinterräder wirkend
Räder	Holzspeichenräder mit Stahlfelgen
Angetriebene Räder	Hinterräder
Kraftübertragung	Kardanwelle
Getriebe & Fahrleistungen	
Getriebe	Viergang-Schaltgetriebe
Schaltung	Schalthebel rechts außen (Kulissenführung)
Kupplung	Federbandkupplung
Getriebeart	Zahnrad-Wechselgetriebe
Getriebeübersetzungen	I. 3,80; II. 2,85; III. 1,90; IV. 1,0
Achsantriebsübersetzung	2,80
Höchstgeschwindigkeit	70 km/h
Abmessungen & Gewichte	
Radstand	3380 mm
Spur vorne / hinten	1450 / 1450 mm
Gewicht des Fahrgestells	1200 kg

Mercedes-Knight 10/30 PS – 25/65 PS, 1910–1924

Die von Paul Daimler auf der Grundlage des Patents von Knight entwickelten Hülsenschieber-Motoren wurden als Typ 10/30 PS, 25/65 PS und 16/40 PS ab 1910 bis 1924 produziert. Die erstgenannten Typen allerdings nur bis 1915, der 16/40 PS, der 1913 in 16/50 umbenannt wurde, bis 1924. Nach dem 28/95 war es das zweite Modell, das ab 1924 mit Vierradbremse ausgeliefert wurde und ab Frühjahr desselben Jahres unter der Typenbezeichnung 16/50 lief. Mit einer gebauten Stückzahl von 5500 Fahrzeugen in 14 Jahren war es ein außerordentlich erfolgreiches Modell.

Mercedes-Knight 16/45 PS, Stadt-Coupé, Bauzeit: 1916 bis 1923.

Technische Daten Mercedes-Knight 16/40 PS, ab 1913: 16/45 PS

Motor	
Arbeitsverfahren	Viertakt (Vergasermotor mit Knight-Schiebersteuerung)
Anordnung im Fahrzeug	vorn, längs; stehend
Zylinderzahl / -anordnung	4 / Reihe (paarweise angeordnet)
Bohrung x Hub	100 x 130 mm
Hubraum	4080 ccm
Verdichtungsverhältnis	4; ab 1916: 5
Ventile	2 Knight-Hülsenschieber
Ventilsteuerung	1 seitliche Kurbelwelle
Nockenwellenantrieb	über Zahnräder in der Mitte der Kurbelwelle
Gemischbildung	1 Kolbenvergaser
Kurbelwellenlager	5
Leistung	45–50 PS bei 1750 U/min
Schmierung	Kombinierte Druckumlauf- und Frischöl-Schmierung
Kühlung	Wasserkühlung / Pumpe
Elektr. Anlage	12 V
Anlasser	Andrehkurbel, ab 1912 elektrisch
Zündung	Doppelzündung (kombinierte Magnet- und Batteriezündung)
Kraftstofftank	Anordnung unter Wagenheck / Fassungsvermögen 70 l, später 100 l
Kraftstoff-Förderung	Druck der Auspuffgase

Fahrwerk und Kraftübertragung	
Rahmenausführung	U-Profil-Pressstahl-Rahmen
Radaufhängung vorne	Starrachse
Radaufhängung hinten	Starrachse
Federung vorne	Halbfedern
Federung hinten	Halbfedern
Lenkung	Schraubenspindel, rechts
Bremsanlage (Fußbremse)	mechanisch auf Antriebswelle, ab 1924 zusätzlich auf Vorderräder wirkend
Feststellbremse (Handbremse)	mechanisch über Gestänge auf Hinterräder wirkend
Räder	Holzspeichenräder mit Stahlfelgen (abnehmbar)
Reifen	820 x 120, 820 x 135 oder 825 x 150
Angetriebene Räder	Hinterräder
Kraftübertragung	Kardanwelle
Getriebe & Fahrleistungen	
Getriebe	Viergang-Schaltgetriebe
Schaltung	Schalthebel rechts außen (Kulissenführung)
Kupplung	Leder-Doppelkonuskupplung
Getriebeart	Zahnrad-Wechselgetriebe
Getriebeübersetzungen	I. 4,26; II. 2,23; III. 1,43; IV. 1,0
Achsantriebsübersetzung	3,00
Höchstgeschwindigkeit	80 km/h
Abmessungen & Gewichte	
Radstand	2320, 2960, 3180 oder 3240 mm
Spur vorne / hinten	1300 / 1350 mm; ab 1923: 1400 mm
L x B x H	4700 x 1700 x 2250 mm
Gewicht des Fahrgestells	1150–1200 kg
Leergewicht (Wagengewicht)	1750 kg
Zul. Gesamtgewicht	2200–2500 kg

Mercedes 28/95 PS, 1914–1924

Wie sein Vorgänger, der 1911 erstmals gezeigte 37/90 PS, verfügte der 28/95 über den charakteristischen Spitzkühler und die außenliegenden Auspuffrohre. Er ist der Urahn der Mercedes-Sportwagenmodelle wie dem Modell K und den Typen S, SS, SSK und SSKL. Dieses Modell ist zudem der erste Mercedes-Serienwagen mit obenliegender Nockenwelle und V-förmig hängenden Ventilen. Erstmalig in Serie waren auch die Stahlzylinder, von denen jeweils zwei mit einem angeschweißten Kühlwassermantel aus Stahlblech versehen waren. Konstruktiv basierte der Motor auf dem Daimler-Flugmotor DF 80. Vom 28/95 wurden 1914/15 insgesamt 25 Stück produziert. Nach dem Krieg wurde die Produktion im Jahr 1920 wieder-aufgenommen. Ab 1929 wurde eine Version mit kurzem Radstand und Vierradbremse angeboten. Letztere fand sich ab 1923 bei allen Varianten. Insgesamt wurden vom Typ 28/95 PS bis 1924 knapp 600 Einheiten gebaut.

Mercedes 28/95 PS, Sport-Phaeton, Bauzeit: 1914 bis 1924.

Technische Daten

Motor	
Arbeitsverfahren	Viertakt
Anordnung im Fahrzeug	vorn, längs; stehend
Zylinderzahl / -anordnung	6 / Reihe (Stahlzylinder mit aufgeschweißten Kühlwassermänteln)
Bohrung x Hub	105 x 140 mm
Hubraum	7280 ccm
Ventile	1 Einlass, 1 Auslass / V-förmig hängend
Ventilsteuerung	1 obenliegende Nockenwelle
Nockenwellen-antrieb	über Königswelle
Gemischbildung	2 Pallas Vergaser
Leistung	90 PS bei 1800 U/min
Schmierung	Kombinierte Druckumlauf- und Frischöl-Schmierung
Kühlung	Wasserkühlung / Pumpe
Elektr. Anlage	12 V
Anlasser	elektrisch
Zündung	Hochspannungs-Magnetzündung
Kraftstofftank	Anordnung unter Wagenheck / Fassungsvermögen 110 l
Kraftstoff-Förderung	Unterdruck (Druckluftpumpe)
Kraftstoffverbrauch	26 l
Fahrwerk & Kraftübertragung	
Rahmenausführung	U-Profil-Pressstahl-Rahmen
Radaufhängung vorne	Starrachse
Radaufhängung hinten	Starrachse
Federung vorne	Halbfedern
Federung hinten	Halbfedern
Lenkung	Schraubenspindel, rechts
Bremsanlage (Fußbremse)	mechanisch auf Antriebswelle wirkend
Feststellbremse (Handbremse)	mechanisch auf Hinterräder wirkend
Räder	Holz- oder Drahtspeichenräder
Reifen	vorn 875 x 105, hinten 895 x 135
Angetriebene Räder	Hinterräder
Kraftübertragung	Kardanwelle
Getriebe & Fahrleistungen	
Getriebe	Viergang-Schaltgetriebe
Schaltung	Schalthebel rechts außen oder innen (Kulissenführung)
Kupplung	Leder-Doppelkonuskupplung
Getriebeart	Zahnrad-Wechselgetriebe
Getriebe-übersetzungen	I. 3,75; II. 2,10; III. 1,35; IV. 1,0
Achsantriebs-übersetzung	2,39; 2,59; 3,00 und andere
Höchst-geschwindigkeit	je nach Übersetzung und Reifen 110–138 km/h
Abmessungen & Gewichte	
Radstand	3390 mm
Spur vorne / hinten	1350 / 1350 mm
L x B x H	4650 x 1580 x 1600 mm (Phaeton)
Gewicht des Fahrgestells	1260 kg
Leergewicht (Wagengewicht)	1800 kg
Zul. Gesamtgewicht	2200 kg

Mercedes-Sportwagen 10/40/65 PS aus dem Jahr 1922.

Mercedes 10/35 (später 10/40 PS), ab 1924: Mercedes 10/40/65 PS

Erfolgreich zum Einsatz kam die Kompressortechnik bei den ersten beiden nach dem Krieg neu konstruierten Motoren. Der Öffentlichkeit vorgestellt wurden diese beiden Typen auf der Berliner Automobilausstellung im September 1921, allerdings noch als Mercedes 10/35 PS und Mercedes 6/20 PS. Die Serienproduktion lief im Frühjahr 1923 an, und ab 1924 kam der Leistungszuwachs durch das Gebläse dann auch in einer erweiterten Typenbezeichnung zum Ausdruck. Aus dem Mercedes 10/35 PS wurde der Mercedes 10/40/65 PS und aus dem 1,6-Liter-Mercedes 6/20 PS wurde der Mercedes 6/25/40 PS. Neben den üblichen Angaben – Steuer-PS an erster Stelle und Motorleistung an zweiter Stelle – war nun als dritte Zahl die Leistung mit eingeschaltetem Kompressor angegeben. Beide Motoren scheinen übrigens von Anfang an mit Kompressor konstruiert worden zu sein. In den Ersatzteil-Listen für den 10/40 finden sich keine Hinweise auf eine kompressorlose Variante. Auch bei der Pressevorführung im Anschluss an die Automobilausstellung, die von Otto Salzer und Christian Lautenschlager vorgenommen wurde, sind nur Kompressormotoren im Einsatz gewesen.

Technische Daten

Motor	
Arbeitsverfahren	Viertakt-Otto (Vergasermotor mit zuschaltbarem Roots-Kompressor)
Anordnung im Fahrzeug	vorn, längs; stehend
Zylinderzahl / -anordnung	4 / Reihe (Block)
Bohrung x Hub	80 x 130 mm
Hubraum	2614 ccm
Ventile / Anordnung	1 Ein-, 1 Auslass / V-förmig hängend
Ventilsteuerung	1 obenliegende Nockenwelle
Nockenwellenantrieb	über Königswelle
Gemischbildung	1 Mercedes-Drosselvergaser mit Ringschwimmer
Kurbelwellenlager	3
Leistung	35–40 PS bei 2400 U/min, mit Kompressor 65 PS bei 2800 U/min
Schmierung	Druckumlauf-Schmierung
Kühlung	Wasserkühlung / Pumpe
Elektrische Anlage	12 V
Anlasser	elektrisch
Zündung	Hochspannungsmagnet-Zündung
Kraftstofftank	Anordnung im Heck / Fassungsvermögen 90 l
Kraftstoff-Förderung	Druckluftpumpe
Fahrwerk & Kraftübertragung	
Rahmenausführung	U-Profil-Pressstahl-Rahmen
Radaufhängung	vorn + hinten Starrachse
Federung vorne	Halbfedern
Federung hinten	Ausleger-Halbfedern
Lenkung	Schraubenspindel, rechts
Bremsanlage (Fußbremse)	mechanisch auf Kardanwelle, ab 1924 zusätzlich auf Vorderräder wirkend
Feststellbremse (Handbremse)	mechanisch auf Hinterräder wirkend
Räder	Holz- oder Drahtspeichenräder
Reifen	820 x 120 oder 820 x 135
Angetriebene Räder	Hinterräder
Kraftübertragung	Kardanwelle
Getriebe & Fahrleistungen	
Getriebe	Viergang-Schaltgetriebe
Schaltung	Schalthebel innen, 1921 noch außen rechts (Kulissenführung)
Kupplung	Leder-Doppelkonuskupplung
Getriebeart	Zahnrad-Wechselgetriebe
Getriebeübers.	I. 4,25; II. 2,45; III. 1,50; IV. 1,0
Achsantriebs-übersetzung	4,00; 4,20 oder 4,30
Höchst-geschwindigkeit	110 km/h für den Tourenwagen, 132 km/h für die Rennsportvariante
Abmessungen & Gewichte	
Radstand	Tourenwagen 3050 oder 3365 mm, Rennsport 2680 mm
Spur vorne / hinten	1340 / 1300 mm
L x B x H	4350 x 1700 x 2020 mm
Gewicht des Fahrgestells	1150 kg
Zul. Gesamtgewicht	2150 kg
Allgemeine Daten	
Produktionszeitraum	1921–1924
Preis Tourenwagen	RM 19.500,-

Mercedes-Sportwagen 6/25/40 PS, 1921

Mercedes 6/25/40 PS, 1921–1924

Wie auch bei der 2,6-l-Variante entwickelte sich die Nomenklatur des 1,6-Liter-Mercedes von 6/20 PS zu 6/25, und schlussendlich wurde daraus der Mercedes 6/25/40 PS. Neben den üblichen Angaben – Steuer-PS an erster Stelle und Motorleistung an zweiter Stelle – war nun als dritte Zahl die Leistung mit eingeschaltetem Kompressor angegeben. Wie auch sein größerer Bruder war dieser Motor von Anfang an als Kompressormotor konzipiert und diente später als Grundlage für den 1,5-l-Rennmotor.

Technische Daten

Motor	
Arbeitsverfahren	Viertakt-Otto (Vergasermotor mit zuschaltbarem Roots-Kompressor)
Anordnung im Fahrzeug	vorn, längs; stehend
Zylinderzahl / -anordnung	4 / Reihe (Block)
Bohrung x Hub	68 x 108 mm
Hubraum	1568 ccm
Ventile / Anordnung	1 Einlass, 1 Auslass / V-förmig hängend
Ventilsteuerung	1 obenliegende Nockenwelle
Nockenwellenantrieb	über Königswelle
Gemischbildung	1 Mercedes-Drosselvergaser mit Ringschwimmer
Kurbelwellenlager	3
Leistung	20–25 PS bei 2800 U/min, mit Kompressor 38–40 PS bei 3200 U/min
Schmierung	Druckumlauf-Schmierung
Kühlung	Wasserkühlung / Pumpe
Elektr. Anlage	12 V
Anlasser	elektrisch
Zündung	Hochspannungs-Magnetzündung
Kraftstofftank	Anordnung im Heck / Fassungsvermögen 50 l
Kraftstoff-Förderung	Druckluftpumpe

Fahrwerk & Kraftübertragung	
Rahmenausführung	U-Profil-Pressstahl-Rahmen
Radaufhängung vorne	Starrachse
Radaufhängung hinten	Starrachse
Federung vorne	Halbfedern
Federung hinten	Ausleger-Halbfedern
Lenkung	Schraubenspindel, rechts
Bremsanlage (Fußbremse)	mechanisch auf Kardanwelle, ab 1924 zusätzlich auf Vorderräder wirkend
Feststellbremse (Handbremse)	mechanisch auf Hinterräder wirkend
Räder	Drahtspeichenräder
Reifen	760 x 100 oder 765 x 105
Angetriebene Räder	Hinterräder
Kraftübertragung	Kardanwelle
Getriebe & Fahrleistungen	
Getriebe	Viergang-Schaltgetriebe
Schaltung	Schalthebel innen, 1921 noch außen rechts (Kulissenführung)
Kupplung	Leder-Konuskupplung
Getriebeart	Zahnrad-Wechselgetriebe
Höchstgeschwindigkeit	100 km/h
Abmessungen & Gewichte	
Radstand	2790 mm
Spur vorne / hinten	1150 / 1150 mm
L x B x H	4050 x 1550 x 1550 mm
Gewicht des Fahrgestells	800 kg
Leergewicht Tourenwagen	1120 kg
Zul. Gesamtgewicht Tourenwagen	1460 kg

PD-Rennwagen

Otto Salzer mit Beifahrer auf Mercedes-Rennwagen, 1907.

Mercedes 120 PS Grand-Prix-Rennwagen, 1907

Der GP-Wagen von 1907 basierte auf den Modellen, wie sie auch schon 1905/1906 zum Einsatz kamen. Insgesamt lag der Wagen tiefer und hatte eine vergrößerte Spurweite. Die Kröpfung des Rahmen-Längsträgers über der Vorderachse und die flacher montierten vorderen Blattfedern gingen auf den Maybach Sechszylinder-Rennwagen zurück, zudem verfügte der Wagen erstmalig über Reibungsstoßdämpfer. Die Motorenkonstruktion wiederum orientierte sich an dem PD-Sechszylinder-Rennwagen und brachte es auf 14,4 l. Beim GP von Frankreich am 2. Juli 1907 kam von drei Fahrzeugen lediglich das von Victor Héméry, den man von Benz & Cie. ausgeliehen hatte, ins Ziel. Héméry erreichte den 10. Rang.

Technische Daten

Motor	
Arbeitsverfahren	Viertakt-Otto
Anordnung im Fahrzeug	vorn, längs; stehend
Zylinder	Grauguss (paarweise zusammengegossen)
Zylinderzahl / -anordnung	4 / Reihe
Bohrung x Hub	175 x 150 mm
Hubraum	14432 ccm
Verdichtungsverhältnis	4,5
Einlassventile	1 pro Zylinder, seitlich hängend, betätigt über Stoßstange und Kipphebel
Auslassventile	1 pro Zylinder, seitlich stehend
Ventilsteuerung	1 seitliche Nockenwelle, Antrieb über Zahnräder
Gemischbildung	1 Kolbenvergaser
Zündkerzen	Zündstifte
Kurbelwellenlager	3
Leistung	140 PS bei 1400 U/min
Höchstdrehzahl	1400 /min
Schmierung	Druckumlaufschmierung über Schmierölpumpe
Kühlung	Wasserumlaufkühlung über Förderpumpe, Bienenwabenkühler
Anlasser	Andrehkurbel
Zündung	Niederspannungs-Magnet-Abreißzündung
Kraftstoffverbrauch	ca. 30 l
Fahrwerk & Kraftübertragung	
Rahmenausführung	Pressstahlrahmen
Vorderachse	Starrachse mit Halbelliptikfedern
Hinterachse	Starrachse mit Halbelliptikfedern
Lenkung	Schraubenspindellenkung
Bremsen vorn	keine
Bremsen hinten	Innenbackenbremsen (Hinterräder)
Handbremse	auf Hinterräder wirkend
Räder	Holzspeichenräder
Reifen	vorn 875 x 105, hinten 880 x 125
Kraftübertragung	auf Zwischenwelle und über Kettenantrieb auf die Hinterräder
Getriebe & Fahrleistungen	
Getriebe	Viergang-Schaltgetriebe
Schaltung	Kulissenschaltung, außen rechts
Kupplung	Federbandkupplung
Getriebeart	Zahnrad-Wechselgetriebe
Abmessungen & Gewichte	
Radstand	2690 mm
Spur vorne / hinten	1410 mm / 1410 mm
Fahrzeuggewicht	1040 kg
Sitzplätze	2

Mercedes 130 PS Grand-Prix-Rennwagen, 1908

Der von PD entwickelte Grand-Prix-Rennwagen war zu seiner Zeit eine technische Hochwassermarke. Basierend auf dem Typ 1907, orientierte sich der Motor von seiner Konstruktion her an den Rennsportvierzylindern, die zwischen 1903 und 1906 entstanden, mit ihren hängenden Einlassventilen, den seitlich stehenden Auslassventilen und den zwei untenliegenden Nockenwellen. Mit geänderten Reifendimensionen und einem gekürzten Radstand wurde auch die Tankform überarbeitet. Zum besseren Schutz des Fahrers wurde die Karosserie hochgezogen. Das Mindestgewicht wurde mit 1100 kg festgesetzt und die maximale Bohrung mit 155 mm, was PD mit 154,7 mm knapp unterschritten hatte. Mit dem 135-PS-Boliden siegte Christian Lautenschlager mit neun Minuten Vorsprung vor Victor Héméry auf Benz: Mercedes vor Benz.

Großer Preis von Frankreich auf dem Rundkurs bei Dieppe, 7. Juli 1908. Der spätere Sieger Christian Lautenschlager (Startnummer 35) mit einem Mercedes-Grand-Prix-Rennwagen, hier nach dem Passieren der Waage.

Technische Daten

Motor	
Arbeitsverfahren	Viertakt-Otto
Anordnung im Fahrzeug	vorn, längs; stehend
Zylinder	Grauguss (paarweise zusammengegossen)
Zylinderzahl / -anordnung	4 / Reihe
Bohrung x Hub	155 x 170 mm
Hubraum	12824 ccm
Verdichtungsverhältnis	4,5
Einlassventile	1 pro Zylinder, in der Mitte hängend, betätigt über Stoßstange und Kipphebel
Auslassventile	1 pro Zylinder, seitlich stehend
Ventilsteuerung	2 seitliche Nockenwellen, Antrieb über Zahnräder
Gemischbildung	1 Vergaser mit Luftvorwärmung
Kurbelwellenlager	3
Leistung	130 PS bei 1400 U/min
Schmierung	Schleuderschmierung
Kühlung	Wasserumlaufkühlung über Förderpumpe, Bienenwabenkühler
Anlasser	Andrehkurbel
Fahrwerk & Kraftübertragung	
Rahmenausführung	U-Profil-Pressstahlrahmen
Vorderachse	Starrachse mit Halbelliptikfedern
Hinterachse	Starrachse mit Halbelliptikfedern
Bremsanlage	mechanisch betätigte Bremsanlage
Bremsen vorn	keine
Bremsen hinten	Innenbackenbremsen (Hinterräder), Außenbandbremsen (Getriebeantriebswelle, Zwischenwelle)
Handbremse	auf Hinterräder wirkend
Fußbremse	auf Getriebeantriebswelle und Zwischenwelle wirkend (2 separate Pedale)
Räder	Holzspeichenräder
Kraftübertragung	auf Zwischenwelle und über Kettenantrieb auf die Hinterräder
Getriebe & Fahrleistungen	
Schaltung	Kulissenschaltung, außen rechts
Getriebeart	Zahnrad-Wechselgetriebe
Höchstgeschwindigkeit	über 160 km/h
Abmessungen & Gewichte	
Radstand	2690 mm
Spur vorne / hinten	1400 mm / 1400 mm
Fahrzeuggewicht	1120 kg
Sitzplätze	2

Mercedes 100 PS Grand-Prix-Rennwagen, 1913

Mercedes-Mannschaft für den Großer Preis von Frankreich bei Le Mans (Coupe de la Sarthe), 4.-5. August 1913. Die beiden Wagen in der Mitte fuhren mit 90 PS Typ DF 80 Sechszylinder-Flugmotoren. Startnummer 20 (ohne Motorhaube): Christian Lautenschlager; Startnummer 12: Otto Salzer. Links Startnummer 27: Léon Elskamp mit einem Typ 37/90-PS-Vierzylinder-Serienmotor-Rennwagen. Außen rechts Startnummer 25: Theodor Pilette mit einem 90 PS Typ G 4F Vierzylinder-Flugmotor-Rennwagen.

Theodor Pilette (Startnummer 25) belegte in diesem Rennen den dritten Platz.

Der Industrieboykott gegen die Veranstaltungen der Automobilclubs lief Ende 1912 aus, und so plante man auch bei der DMG die Rückkehr in den internationalen Rennsport. Da man noch vor einem offiziellen Werkseinsatz zurückschreckte, übertrug man dem belgischen Mercedes-Vertreter Theodor Pilette den Einsatz, der somit ein halboffizielles Werksteam an den Start brachte. Dieser Umstand verhinderte allerdings einen Start beim GP von Frankreich, da hier nur reine Werksteams vom französischen Automobilclub akzeptiert wurden. Beide neu konstruierten Mercedes-Rennwagen wurden von Flugmotoren angetrieben, die beim Kaiserpreis Platz zwei und vier belegt hatten. Neben den hier aufgeführten technischen Daten des G-4F-Vierzylinder-Motors mit 9,2 l Hubraum, der bei 1350 U/min 100 PS leistete, gab es noch eine Variante, den DF 80, einen 7,2-l-Sechszylindermotor mit 90 PS. Ein dritter Platz beim Grand Prix de la Sarthe, den der Automobile-Club de la Sarthe et de l'Ouest veranstaltete, war für den 100-PS-Vierzylinder die magere Ausbeute nach fünf Jahren internationaler Rennabstinenz.

Technische Daten

Motor	
Motortyp	Flugmotor G 4F
Arbeitsverfahren	Viertakt-Otto
Anordnung im Fahrzeug	vorn, längs; stehend
Zylinder	Grauguss (paarweise zusammengegossen)
Zylinderzahl / -anordnung	4 / Reihe
Bohrung x Hub	140 x 150 mm
Hubraum	9230 ccm
Einlassventile	1 pro Zylinder, schräg hängend, betätigt über Kipphebel
Auslassventile	1 pro Zylinder, schräg hängend, betätigt über Kipphebel
Ventilsteuerung	1 obenliegende Nockenwelle, Antrieb über Königswelle
Gemischbildung	1 Drehschieber-Vergaser mit Luftvorwärmung
Zündkerzen	2 pro Zylinder
Zündverstellung	mechanisch
Kurbelwellenlager	3
Leistung	100 PS bei 1350 U/min
Schmierung	Druckumlaufschmierung
Kühlung	Wasserumlaufkühlung über Kreiselpumpe
Anlasser	Andrehkurbel, Handanlassmagnet
Zündung	Hochspannungs-Magnetzündung
Zündanlage	2 Magnetzünder
Fahrwerk & Kraftübertragung	
Rahmenausführung	Pressstahlrahmen
Vorderachse	Starrachse mit Halbelliptikfedern
Hinterachse	Starrachse mit Halbelliptikfedern
Lenkung	Schraubenspindellenkung
Bremsanlage	mechanisch betätigte Bremsanlage
Bremsen vorn	keine
Bremsen hinten	Innenbackenbremsen (Hinterräder), Außenbandbremsen (Getriebeantriebswelle, Zwischenwelle)
Fußbremse	auf Getriebeantriebswelle und Zwischenwelle wirkend (2 separate Pedale)
Handbremse	auf Hinterräder wirkend
Räder	Drahtspeichenräder mit Zentralverschluss
Reifen	vorn 5,5 x 34, hinten 5,5 x 34
Kraftübertragung	auf Zwischenwelle und über Ketten-antrieb auf die Hinterräder
Getriebe & Fahrleistungen	
Schaltung	Kulissenschaltung, außen rechts
Getriebeart	Zahnrad-Wechselgetriebe
Abmessungen & Gewichte	
Radstand	2690 mm
Spur vorne / hinten	1350 mm / 1410 mm
Gewicht des Motors	180 kg
Sitzplätze	2

Mercedes 115 PS Grand-Prix-Rennwagen, 1914

Nach dem Grand-Prix-Reglement für 1914 waren der Hubraum auf 4,5 l und das Maximalgewicht auf 1100 kg begrenzt. Die von PD geschaffene Neukonstruktion war, erstmalig bei Mercedes, ein Vierzylinder-Vierventilmotor mit obenliegender Nockenwelle, die über eine Königswelle angetrieben wurde. Die Zylinder waren als gedrehte Stahlbüchsen ausgeführt, die von unten einzeln in den Zylinderkopf eingeschraubt und anschließend mit Stahlblech-Kühlmänteln verschweißt wurden. Ausgelegt war die Maschine bis zu einer Drehzahl von 3500 U/min. Der Kettenantrieb der Vorgängermodelle wurde durch einen Kardanantrieb abgelöst. Beim GP von Frankreich war Christian Lautenschlager mit diesem Wagen siegreich, aber auch in den Folgejahren erzielte der Wagen noch große Erfolge wie den Sieg am 31. Mai 1915 beim 500-Meilen-Rennen von Indianapolis mit Ralph de Palma am Steuer. 1922 gewann Graf Giulio Masetti die Targa Florio und 1924 siegte Rudolf Caracciola beim Semmering-Bergrennen mit einer Kompressorvariante dieses Typs.

Der Mercedes Grand-Prix-Rennwagen von 1914.

Technische Daten

Motor	
Motortyp	M 93654
Arbeitsverfahren	Viertakt-Otto
Anordnung im Fahrzeug	vorn, längs; stehend
Zylinder	Stahlbüchsen mit aufgeschweißten Stahlblech-Kühlmänteln
Zylinderkopf	mit Zylindern verschweißt
Zylinderzahl / -anordnung	4 / Reihe
Bohrung x Hub	93 x 165 mm
Hubraum	4483 ccm
Verdichtungsverh.	5,35
Einlassventile	2 pro Zylinder, schräg hängend, betätigt über gemeinsamen Kipphebel
Auslassventile	2 pro Zylinder, schräg hängend, betätigt über Kipphebel
Ventilsteuerung	1 obenliegende Nockenwelle, Antrieb über Königswelle
Gemischbildung	1 Kolbenschiebervergaser
Zündkerzen	3 pro Zylinder
Zündung	Hochspannungs-Magnetzündung
Zündanlage	2 Bosch Magnetzünder
Zündverstellung	von Hand
Kurbelwellenlager	5 (Weißmetall-Gleitlager)
Leistung	105 PS bei 3100 U/min
Höchstdrehzahl	3200 /min
Schmierung	Druckumlaufschmierung
Kühlung	Wasserumlaufkühlung über Kreiselpumpe
Batterie	ohne
Generator	ohne
Anlasser	Andrehkurbel
Kraftstoff-Förderung	Druckluft-Handpumpe, vom Beifahrer betätigt
Fahrwerk & Kraftübertragung	
Rahmenausführung	Pressstahlrahmen
Vorderachse	Starrachse mit Halbelliptikfedern, Reibungsstoßdämpfer
Hinterachse	Starrachse mit Underslung-Halbelliptikfedern, Reibungsstoßdämpfer
Lenkung	Schraubenspindellenkung
Bremsanlage	mechanisch betätigte Bremsanlage
Bremsen vorn	keine
Bremsen hinten	Innenbackenbremsen (Hinterräder) und Außenbandbremse (Getriebeabtriebswelle)
Fußbremse	auf Getriebeabtriebswelle wirkend
Handbremse	auf Hinterräder wirkend
Räder	Drahtspeichenräder mit Zentralverschluss
Reifen	vorne 815 x 105, hinten 820 x 35
Kraftübertragung	über Kardanwelle auf die Hinterachse
Getriebe & Fahrleistungen	
Getriebe	Viergang-Schaltgetriebe
Schaltung	Kulissenschaltung, innen rechts
Kupplung	Doppelkonuskupplung
Getriebeart	Zahnrad-Wechselgetriebe
Getriebeübers.	I. 3,0; II. 1,5; III. 1,2; IV. 1,0
Höchstgeschw.	180 km/h
Abmessungen & Gewichte	
Radstand	2845 mm
Spur vorne / hinten	1330 mm / 1350 mm
L x B x xH	4100 x 1700 x 1400 mm
Fahrzeuggewicht	1082 kg
Sitzplätze	2

Max Sailers Mercedes 28/95 PS Rennsport-Tourenwagen, wie er bei der Targa Florio am 29. Mai 1921 eingesetzt wurde.

Mercedes 28/95 PS Rennsport-Tourenwagen, 1921

Der 28/95 Rennsport-Tourenwagen baute auf der Basis des Serien-Automobils auf. Spektakuläre Erfolge gab es nach dem Ersten Weltkrieg mit diesem Wagen, als der Werksfahrer Max Sailer am 29. Mai 1921 bei der Targa Florio den zweiten Platz im Gesamtklassement belegte und den Coppa Florio gewann, den Preis für den schnellsten Serienwagen. Im darauffolgenden Jahr startete Max Sailer, der spätere Leiter des Konstruktionsbüros der Daimler-Benz AG, mit der Kompressorvariante des 28/95 und erreichte den sechsten Platz im Gesamtklassement und den Sieg bei den Serienwagen über 4,5 l.

Technische Daten

Motor	
Motortyp	M 10546
Arbeitsverfahren	Viertakt-Otto
Anordnung im Fahrzeug	vorn, längs; stehend
Zylinder	Grauguss (paarweise zusammengegossen) mit aufgeschweißten Stahlblech-Kühlmänteln
Zylinderkopf	Grauguss, mit Zylindern aus einem Stück gegossen
Zylinderzahl / -anordnung	6 / Reihe
Zündfolge	1-5-3-6-2-4
Bohrung x Hub	105 x 140 mm
Hubraum	7280 ccm
Einlassventile	1 pro Zylinder, schräg hängend, betätigt über Kipphebel
Auslassventile	1 pro Zylinder, schräg hängend, betätigt über Kipphebel
Ventilsteuerung	1 obenliegende Nockenwelle, Antrieb über Königswelle
Gemischbildung	2 Vergaser
Zündkerzen	1 pro Zylinder
Zündung	Hochspannungs-Magnetzündung
Zündanlage	Bosch Magnetzünder
Zündverstellung	von Hand über Hebel am Lenkrad
Kurbelwellenlager	4 (Weißmetall-Gleitlager)
Leistung	99 PS bei 1800 U/min
Höchstes Drehmoment	43,5 mkg
Schmierung	Druckumlaufschmierung über Zahnradpumpe und Frischölzugabe
Kühlung	Wasserumlaufkühlung über Kreiselpumpe
Batterie	12 V
Generator	vorhanden
Anlasser	elektrisch
Tankinhalt	110 l
Kraftstoff-Förderung	Druckluft-Handpumpe, vom Beifahrer betätigt
Kraftstoffverbrauch	26 l
Fahrwerk & Kraftübertragung	
Rahmenausführung	U-Profil-Preßstahlrahmen
Vorderachse	Starrachse mit Halbelliptikfedern, Reibungsstoßdämpfer
Hinterachse	Starrachse mit Halbelliptikfedern, Reibungsstoßdämpfer
Lenkung	Schraubenspindellenkung
Bremsanlage	mechanisch betätigte Bremsanlage
Bremsen vorn	Innenbacken-Trommelbremsen
Bremsen hinten	Innenbacken-Trommelbremsen
Fußbremse	auf Vorder- und Hinterräder wirkend
Handbremse	auf Hinterräder wirkend
Räder	Drahtspeichenräder mit Zentralverschluß
Reifen	vorn 895 x 135, 895 x 150 oder 935 x 135, hinten 895 x 135, 895 x 150 oder 935 x 135
Kraftübertragung	über Kardanwelle auf die Hinterachse
Getriebe & Fahrleistungen	
Getriebe	Viergang-Schaltgetriebe
Schaltung	Kulissenschaltung, innen rechts
Kupplung	Doppelkonuskupplung mit Lederbelag
Getriebeart	Zahnrad-Wechselgetriebe
Höchstgeschw.	ca. 140 km/h
Abmessungen & Gewichte	
Radstand	3063 mm
Spur vorne / hinten	1351 mm / 1351 mm
L x B x H	4650 x 1580 x 1600 mm
Fahrzeuggewicht	1800 kg
Sitzplätze	2

Mercedes 6/40/65 PS Rennwagen, 1922

Der 6/40/65 war der erste Kompressor-Rennwagen der DMG, den Paul Daimler konstruierte. Er sollte in der Voiturette-Klasse bis 1,5 l Hubraum zum Einsatz kommen. Im Gegensatz zum Serienaggregat (M 68084) wies der Rennmotor (M 65134) reduzierte Zylinderabmessungen, vier Ventile pro Zylinder sowie zwei obenliegende Nockenwellen auf. Die nominellen Leistungsangaben wurden in der Praxis mit 54 PS ohne und 79 PS mit Kompressor bei 4500 U/min deutlich übertroffen. Fahrgestellseitig fand der Serienrahmen mit verlängertem Fahrgestell und Trommelbremsen an Vorder- und Hinterrädern Verwendung. Der erste Einsatz erfolgte bei der Targa Florio im April 1922. Dieser Rennwagen ist der Urahn aller Mercedes-Kompressorfahrzeuge und verhalf auch Rudolf Caracciola zu seinen ersten Mercedes-Erfolgen.

Targa Florio, Sizilien, 2. April 1922. In diesem Rennen kam mit dem Mercedes 6/40/65 PS (Vierzylinder, Serienwagen bis 1,5 Liter) erstmals ein Kompressortyp zum Einsatz. Das Foto zeigt den Fahrer Paul Scheef und seinen Beifahrer Jakob Krauss. Im Rennen belegten sie den 3. Platz.

Technische Daten

Motor	
Motortyp	M 65134
Arbeitsverfahren	Viertakt-Otto (mit Kompressor)
Anordnung im Fahrzeug	vorn, längs; stehend
Zylinder	Stahlbüchsen mit aufgeschweißtem Stahlblech-Kühlmantel
Zylinderkopf	mit Zylindern verschweißt
Zylinderzahl / -anordnung	4 / Reihe
Zündfolge	1-3-4-2
Bohrung x Hub	65 x 113 mm
Hubraum	1499 ccm
Verdichtungsverhältnis	5,35
Einlassventile	2 pro Zylinder, schräg hängend, betätigt über Stößel
Auslassventile	2 pro Zylinder, schräg hängend, betätigt über Stößel
Ventilsteuerung	2 obenliegende Nockenwellen, Antrieb über Königswelle
Gemischbildung	1 Druckvergaser / Roots-Kompressor
Zündkerzen	1 pro Zylinder
Zündung	Hochspannungs-Magnetzündung
Zündanlage	Bosch Magnetzünder
Kurbelwellenlager	3 (Weißmetall-Gleitlager)
Leistung	40 PS ohne Kompressor; 65 PS bei 4000 U/min mit Kompressor
Höchstdrehzahl	4500 /min
Schmierung	Druckumlaufschmierung über Zahnradpumpe und Frischölzugabe
Kühlung	Wasserumlaufkühlung über Kreiselpumpe
Anlasser	Andrehkurbel
Tankinhalt	68 l
Kraftstoff-Förderung	Luft- und Zentrifugalpumpen
Fahrwerk & Kraftübertragung	
Rahmenausführung	U-Profil-Pressstahlrahmen
Vorderachse	Starrachse mit Halbelliptikfedern, Maybach-Stoßdämpfer
Hinterachse	Starrachse mit Underslung-Halbelliptikfedern, Maybach-Stoßdämpfer
Lenkung	Schraubenspindellenkung
Bremsanlage	mechanisch betätigte Bremsanlage
Bremsen vorn	Innenbacken-Trommelbremsen
Bremsen hinten	Innenbacken-Trommelbremsen
Fußbremse	auf Vorder- und Hinterräder wirkend
Handbremse	auf Hinterräder wirkend
Räder	Drahtspeichenräder mit Zentralverschluss
Reifen	vorn 765 x 105, hinten 765 x 105
Kraftübertragung	über Kardanwelle auf die Hinterachse
Getriebe & Fahrleistungen	
Getriebe	Viergang-Schaltgetriebe
Schaltung	Kulissenschaltung
Kupplung	Konuskupplung mit Lederbelag
Getriebeart	Zahnrad-Wechselgetriebe
Höchstgeschw.	135 km/h
Abmessungen & Gewichte	
Radstand	2650 mm
Spur vorne / hinten	1320 mm / 1320 mm
Fahrzeuggewicht	1400 kg
Sitzplätze	2

Mercedes Indianapolis-Rennwagen, 1923. Die Karosserie wurde im Jahr 1924 für das Ecce-Homo-Rennen in Böhmen modifiziert.

Mercedes 2-l-Indianapolis-Rennwagen, 1923

Dieser 2-l-Rennwagen war die letzte Konstruktion von Paul Daimler für die Daimler-Motoren-Gesellschaft. Der Wagen basierte auf dem 10/40/65 PS Rennwagen. Das Chassis war fest mit dem Motor verschraubt, was dem Wagen zusätzliche Steifigkeit gab. Erstmalig gab es eine rollengelagerte Kurbelwelle und einen Ölkühler.

Technische Daten

Motor	
Motortyp	M 7294
Arbeitsverfahren	Viertakt-Otto (mit Kompressor)
Anordnung im Fahrzeug	vorn, längs; stehend
Zylinder	Stahlblock mit aufgeschweißtem Stahlblech-Kühlmantel
Zylinderkopf	mit Zylindern verschweißt
Zylinderzahl / -anordnung	4 / Reihe
Zündfolge	1-3-4-2
Bohrung x Hub	70 x 129 mm
Hubraum	1989 ccm
Verdichtungsverhältnis	7,5
Einlassventile	2 pro Zylinder, schräg hängend, betätigt über Stößel
Auslassventile	2 pro Zylinder, schräg hängend, betätigt über Stößel
Ventilsteuerung	2 obenliegende Nockenwellen, Antrieb über Königswelle
Gemischbildung	1 Druckvergaser / Roots-Kompressor
Zündkerzen	1 pro Zylinder
Zündung	Hochspannungs-Magnetzündung
Zündanlage	Bosch Magnetzünder
Zündverstellung	von Hand
Kurbelwelle	dreifach gelagert (Rollenlager), mehrteilige Kurbelwelle
Leistung	150 PS bei 4800 U/min (mit Kompressor)
Schmierung	Druckumlaufschmierung über Zahnradpumpe und Frischölzugabe
Kühlung	Wasserumlaufkühlung über Kreiselpumpe
Batterie	ohne
Generator	ohne
Anlasser	Andrehkurbel
Kraftstoff-Förderung	Luft- und Zentrifugalpumpen

Fahrwerk & Kraftübertragung	
Rahmenausführung	U-Profil-Pressstahlrahmen
Vorderachse	Starrachse mit Halbelliptikfedern, Reibungsstoßdämpfer
Hinterachse	Starrachse mit Underslung-Halbelliptikfedern, Reibungsstoßdämpfer
Lenkung	Schraubenspindellenkung
Bremsanlage	mechanisch betätigte Bremsanlage
Bremsen vorn	Innenbacken-Trommelbremsen
Bremsen hinten	Innenbacken-Trommelbremsen (Hinterräder)
Fußbremse	auf Vorder- und Hinterräder wirkend
Handbremse	auf Hinterräder wirkend
Räder	Drahtspeichenräder mit Zentralverschluss, mit Blechscheiben verkleidet
Reifen	vorn 4,5 x 29, hinten 4,5 x 29
Kraftübertragung	über Kardanwelle auf die Hinterachse

Getriebe & Fahrleistungen	
Getriebe	Viergang-Schaltgetriebe
Schaltung	Kulissenschaltung, innen rechts
Kupplung	Doppelkonuskupplung
Getriebeart	Zahnrad-Wechselgetriebe
Achsantriebsübersetzung	3,5
Höchstgeschwindigkeit	190 km/h

Abmessungen & Gewichte	
Radstand	2655 mm
Spur vorne / hinten	1360 mm / 1390 mm
L x B x H	3990 x 1560 x 1160 mm
Sitzplätze	2

PD-Horch

Horch 10/50 Separations-Cabriolet.

Horch 10/50 PS Typ 10 M 21, 1924–1926

Technische Daten

Motor	
Arbeitsverfahren	Viertakt-Otto (Vergasermotor)
Anordnung im Fahrzeug	vorn, längs; stehend
Zylinderzahl / -anordnung	4 / Reihe (Block)
Bohrung x Hub	80 x 130 mm
Hubraum	2612 ccm
Einlassventile	1, V-förmig hängend
Auslassventile	1, V-förmig hängend
Ventilsteuerung	obenliegende Nockenwelle
Nockenwellen-antrieb	über Königswelle mit Kegelrädern
Gemischbildung	1 Flachstromvergaser Zenith 36
Zündung	Magnetzündung
Kurbelwellenlager	3
Leistung	50 PS bei 2800 U/min
Schmierung	Druckumlauf
Kühlung	Wasserkühlung / Pumpe
Elektrische Anlage	12 V
Kraftstofftank	Anordnung im Heck
Verbrauch	15 l / 100 km
Fahrwerk & Kraftübertragung	
Rahmenausführung	U-Profil-Pressstahl-Rahmen
Radaufhängung vorne	Starr
Radaufhängung hinten	Starr
Federung vorne	Halbfedern
Federung hinten	Underslung-Halbfedern
Lenkung	Schnecke, rechts; ab 1926: links
Bremsanlage (Fußbremse)	Trommelbremsen mechanisch
Feststellbremse (Handbremse)	mechanisch, auf Hinterräder wirkend
Räder	Stahl- oder Drahtspeichen
Reifen	820 x 135 mm oder 32 x 6.20 Niederdruck
Angetriebene Räder	Hinterräder
Kraftübertragung	Kardanwelle
Schmierung	Nippel
Getriebe & Fahrleistungen	
Getriebe	Viergang-Schaltgetriebe
Schaltung	Schalthebel innen rechts, bei Linkslenker Wagenmitte
Kupplung	Mehrscheibentrockenkupplung
Getriebeart	Zahnrad-Wechselgetriebe
Getriebe-übersetzungen	I. 4.25; II. 2.58; III. 1.62; IV. 1.0
Achsantriebs-übersetzung	4.78
Höchst-geschwindigkeit	95 km/h
Abmessungen & Gewichte	
Radstand	3300 mm
Spur vorne / hinten	1420 mm
L x B x H	4500 x 1730 x 2000 mm
Gewicht des Fahrgestells	1250 kg
Zul. Gesamtgewicht	Tourenwagen 2320 kg, Pullman-Limousine 2550 kg, Cabriolet 2600 kg
Allgemeine Daten	
Preise	Tourenwagen 6 Sitze RM 12.875.-, Limousine 6 Sitze und abnehmbares Dach RM 15.250.-, Coupe-Cabriolet 6 Sitze RM 16.750.- Pullman-Limousine 6 Sitze RM 15.750.-

Horch 8 12/60 PS Typ 303, 1926–1927, und Typ 304 (kurzer Radstand), 1927

Bei dem Horch 8 12/60 PS Typ 303 handelte es um eine Flachdachlimousine, die noch nicht über eine Kühlerfigur verfügte.

Die Horch-Modelle 303 und 304.

Technische Daten

Motor	
Arbeitsverfahren	Viertakt-Otto (Vergasermotor)
Anordnung im Fahrzeug	vorn, längs; stehend
Zylinderzahl / -anordnung	8 / Reihe (Block)
Bohrung x Hub	65 x 118 mm
Hubraum	3132 ccm
Einlassventile	1, V-förmig hängend
Auslassventile	1, V-förmig hängend
Ventilsteuerung	2 obenliegende Nockenwellen
Nockenwellenantrieb	über Königswelle mit Kegelrädern
Gemischbildung	1 Flachstromvergaser Solex 40 MOV
Zündung	Batteriezündung
Kurbelwellenlager	5
Leistung	60 PS bei 3200 U/min
Schmierung	Druckumlauf-Schmierung 14 l Öl
Kühlung	Wasserkühlung / Pumpe 27 l
Elektrische Anlage	12 V 60 Ah
Anlasser	elektrisch 1,2 PS
Kraftstofftank	Anordnung im Heck / Fassungsvermögen 100 l
Verbrauch	17 l / 100 km
Fahrwerk & Kraftübertragung	
Rahmenausführung	U-Profil-Pressstahl-Rahmen
Radaufhängung vorne	Starr
Radaufhängung hinten	Starr
Federung vorne	Halbfedern
Federung hinten	Underslung-Halbfedern
Lenkung	Schraubenspindel, links
Bremsanlage (Fußbremse)	Trommelbremsen mechanisch mit Saugluftunterstützung
Feststellbremse (Handbremse)	mechanisch, auf Hinterräder wirkend
Räder	Stahlspeichen
Reifen	32 x 6.50/20
Angetriebene Räder	Hinterräder
Kraftübertragung	Kardanwelle
Getriebe & Fahrleistungen	
Getriebe	Viergang-Schaltgetriebe Horch
Schaltung	Schalthebel innen, Wagenmitte
Kupplung	Mehrscheibentrockenkupplung
Getriebeart	Zahnrad-Wechselgetriebe
Getriebeübersetzungen	I. 4.12; II. 2.56; III. 1.62; IV. 1.0
Achsantriebsübersetzung	5.55 oder auf Wunsch 5.00
Höchstgeschwindigkeit	100 km/h
Abmessungen & Gewichte	
Radstand	3450 mm (Typ 303) oder 3160 mm (Typ 304)
Spur vorne / hinten	1425 / 1414 mm
L x B x H	4700 (Typ 303) bzw. 4400 (Typ 304) x 1765 x 1900 mm
Gewicht des Fahrgestells	1400 kg
Zul. Gesamtgewicht	Tourenwagen 2540 kg, Pullman-Limousine 2650 kg, Cabriolet 2450 kg
Allgemeine Daten	
Preise Typ 303	Fahrgestell RM 10.400.-, Tourenwagen RM 10.400,-, Tourenwagen 6 Sitze RM 11.900.-, Pullman-Limousine RM 12.900.-,Pullman-Cabriolet RM 17.000.-
Preise Typ 304	Fahrgestell RM 10.400.-, Cabriolet 4 Sitze 2 Fenster RM 15.900.-, Roadster-Cabriolet RM 11.900.-

Horch 8 13/65 PS Typ 305, 1927–1928, und Typ 306 (kurzer Radstand), 1927

Die Horch-Modelle 305 und 306.

Beim Horch 8 13/65 PS Typ 305 handelte es um eine Flachdachlimousine die über eine Kühlerfigur in Form eines geflügelten Pfeils verfügte. Die letzten 200 Exemplare der 1927 präsentierten Limousine erhielten die Karosserie des Modells 350, die sich stilistisch bis hin zu dem Kreis mit der »8« im Kühlergrill an dem Achtzylinder der GM-Marke LaSalle des Baujahrs 1927 orientierte. Als Kühlerfigur diente auch hier der geflügelte Pfeil.

Technische Daten

Motor	
Arbeitsverfahren	Viertakt-Otto (Vergasermotor)
Anordnung im Fahrzeug	vorn, längs; stehend
Zylinderzahl / -anordnung	8 / Reihe (Block)
Bohrung x Hub	67,5 x 118 mm
Hubraum	3378 ccm
Einlassventile	1, V-förmig hängend
Auslassventile	1, V-förmig hängend
Ventilsteuerung	2 obenliegende Nockenwellen
Nockenwellen-antrieb	über Königswelle mit Kegelrädern
Gemischbildung	1 Flachstromvergaser Solex 40 MOV
Zündung	Batteriezündung
Kurbelwellenlager	5
Leistung	65 PS bei 3200 U/min
Schmierung	Druckumlauf-Schmierung 14 l Öl
Kühlung	Wasserkühlung / Pumpe 30 l
Elektrische Anlage	12 V 60 Ah
Anlasser	elektrisch 1,2 PS
Kraftstofftank	Anordnung im Heck / Fassungsvermögen 100 l
Verbrauch	17 l / 100 km
Fahrwerk & Kraftübertragung	
Rahmenausführung	U-Profil-Pressstahl-Rahmen
Radaufhängung vorne	Starr
Radaufhängung hinten	Starr
Federung vorne	Halbfedern
Federung hinten	Underslung-Halbfedern
Lenkung	Schraubenspindel, links
Bremsanlage (Fußbremse)	Trommelbremsen mechanisch mit Saugluftunterstützung
Feststellbremse (Handbremse)	mechanisch, auf Hinterräder wirkend
Räder	Stahlspeichen
Reifen	32 x 6.50/20
Angetriebene Räder	Hinterräder
Kraftübertragung	Kardanwelle
Getriebe & Fahrleistungen	
Getriebe	Viergang-Schaltgetriebe Horch
Schaltung	Schalthebel innen, Wagenmitte
Kupplung	Mehrscheibentrockenkupplung
Getriebeart	Zahnrad-Wechselgetriebe
Getriebe-übersetzungen	I. 4.12; II. 2.56; III. 1.62; IV. 1.0
Achsantriebs-übersetzung	5.11 oder auf Wunsch 5.55
Höchst-geschwindigkeit	100 km/h
Abmessungen & Gewichte	
Radstand	3450 mm (Typ 305) bzw. 3160 mm (Typ 306)
Spur vorne / hinten	1425 / 1414 mm
L x B x H	4700 (Typ 305) bzw. 4400 (Typ 306) x 1765 x 1900 mm
Gewicht des Fahrgestells	1400 kg (Typ 305) bzw. 1350 (Typ 306)
Zul. Gesamtgewicht	Tourenwagen 1890 kg, Pullman-Limousine 1950 kg, Cabriolet 1800 kg
Allgemeine Daten	
Preise Typ 305	Fahrgestell RM 10.400.-, Tourenwagen 6 Sitze RM 11.900.-, Pullman-Limousine RM 12.900.-, Pullman-Cabriolet RM 17.000.-
Preise Typ 306	Fahrgestell RM 10.400.-, Cabriolet 4 Sitze 2 Fenster RM 15.900.-, Roadster-Cabriolet RM 11.900.-, Weymann-Limousine 4 Sitze RM 11.900.-

Horch 8 16/80 PS Typ 350 und Typ 375, 1928–1930

Typ 375 als Landaulet und Landauline.

Der Typ 350 war mit 2800 Exemplaren der meistgebaute Wagen der Paul-Daimler-Ära. Auch die Limousine des Horch 8 16/80 PS Typ 350 war stilistisch dem Achtzylinder der GM-Marke LaSalle nachempfunden, bis hin zu dem Kreis mit der »8« im Kühlergrill. Als Kühlerfigur diente auch hier der geflügelte Pfeil. Der Typ 375 orientierte sich vom Styling her am LaSalle Baujahr 1928 und verfügte als Kühlerfigur über die geflügelte Weltkugel.

Technische Daten

Motor	
Arbeitsverfahren	Viertakt-Otto (Vergasermotor)
Anordnung im Fahrzeug	vorn, längs; stehend
Zylinderzahl / -anordnung	8 / Reihe (Block)
Bohrung x Hub	65 x 118 mm
Hubraum	3950 ccm
Einlassventile	1, V-förmig hängend
Auslassventile	1, V-förmig hängend
Ventilsteuerung	2 obenliegende Nockenwellen
Nockenwellen-antrieb	über Königswelle mit Kegelrädern
Gemischbildung	1 Flachstromvergaser Solex 40 MOV
Zündung	Batteriezündung
Kurbelwellenlager	5
Leistung	80 PS bei 3200 U/min
Schmierung	Druckumlauf-Schmierung 14 l Öl
Kühlung	Wasserkühlung / Pumpe 27 l
Elektrische Anlage	12 V 60 Ah
Anlasser	elektrisch 1,2 PS
Kraftstofftank	Anordnung im Heck / Fassungsvermögen 90 l
Verbrauch	17 Liter / 100 km
Fahrwerk & Kraftübertragung	
Rahmenausführung	U-Profil-Pressstahl-Rahmen
Radaufhängung vorne	Starr
Radaufhängung hinten	Starr
Federung vorne	Halbfedern
Federung hinten	Underslung-Halbfedern
Lenkung	Schraubenspindel, links
Bremsanlage (Fußbremse)	Trommelbremsen mechanisch mit Saugluftunterstützung
Feststellbremse (Handbremse)	mechanisch, auf Hinterräder wirkend
Räder	Stahlspeichen
Reifen	32 x 6.50/20
Angetriebene Räder	Hinterräder
Kraftübertragung	Kardanwelle
Schmierung	Zentral

Getriebe & Fahrleistungen	
Getriebe	Viergang-Schaltgetriebe Horch
Schaltung	Schalthebel innen, Wagenmitte
Kupplung	Mehrscheibentrockenkupplung
Getriebeart	Zahnrad-Wechselgetriebe
Getriebe-übersetzungen	I. 4.12; II. 2.56; III. 1.62; IV. 1.0
Achsantriebs-übersetzung	5.11, auf Wunsch 5.33 oder 5.55
Höchst-geschwindigkeit	100 km/h
Abmessungen & Gewichte	
Radstand	3450 oder 3160 mm (Typ 350), 3450 mm (Typ 375)
Spur vorne / hinten	1425 / 1414 mm
Länge	4720 mm (Typ 350 Cabrio), 5000 mm (Typ 350), 5250 mm (Typ 375)
Breite	1765 mm
Höhe	1900 mm (Typ 350), 1820 mm (Typ 375)
Gewicht des Fahrgestells	1350 kg (Typ 350 Cabrio), 1400 kg (Typ 350), 1500 kg (Typ 375)
Zul. Gesamtgewicht	Pullman-Limousine 2750 kg, Cabriolet 2450 kg (Typ 350), Pullman-Limousine 2800 kg (Typ 375)
Allgemeine Daten	
Preise Typ 350	Tourenwagen 6 Sitze RM 12.800.-, Pullman-Limousine RM 13.800.-, Cabriolet RM 14.800.-
Preise Typ 375	Fahrgestell RM 14.250.-,Tourenwagen 6 Sitze RM 14.750.-, Pullman-Limousine RM 19.250.-, Cabriolet 4 Sitze 2 Fenster RM 15.750.-, Cabriolet 4 Sitze 4 Türen RM 17.750.-

Horch 8 16/80 PS Typ 400 und Typ 405, 1930–1931

Die Horch-Modelle 400 und 405.

Letzter Horch 8 mit dem PD-Doppelnockenwellen-Motor. Das Nachfolgemodell war ein von PD-Nachfolger Fritz Fiedler konstruierter Motor mit nur einer obenliegenden Nockenwelle, der als 3-, 4- und 4,5-Liter-Typ von 1931-1935 in unterschiedlichen Varianten gebaut wurde.

Technische Daten

Motor	
Arbeitsverfahren	Viertakt-Otto (Vergasermotor)
Anordnung im Fahrzeug	vorn, längs; stehend
Zylinderzahl / -anordnung	8 / Reihe (Block)
Bohrung x Hub	65 x 118 mm
Hubraum	3950 ccm
Einlassventile	1, V-förmig hängend
Auslassventile	1, V-förmig hängend
Ventilsteuerung	2 obenliegende Nockenwellen
Nockenwellen-antrieb	über Königswelle mit Kegelrädern
Gemischbildung	1 Flachstromvergaser Solex 40 MOV
Zündung	Batteriezündung
Kurbelwellenlager	5
Leistung	80 PS bei 3200 U/min
Schmierung	Druckumlauf-Schmierung 14 l Öl
Kühlung	Wasserkühlung / Pumpe 27 l
Elektrische Anlage	12 V 60 Ah
Anlasser	elektrisch 1,2 PS
Kraftstofftank	Anordnung im Heck / Fassungsvermögen 75 l
Verbrauch	19 Liter / 100 km
Fahrwerk & Kraftübertragung	
Rahmenausführung	U-Profil-Pressstahl-Rahmen
Radaufhängung vorne	Starr
Radaufhängung hinten	Starr
Federung vorne	Halbfedern
Federung hinten	Underslung-Halbfedern
Lenkung	Schraubenspindel, links
Bremsanlage (Fußbremse)	Trommelbremsen mechanisch mit Saugluftunterstützung

Feststellbremse (Handbremse)	mechanisch, auf Hinterräder wirkend
Räder	Stahlspeichen
Reifen	32 x 6.50/20
Angetriebene Räder	Hinterräder
Kraftübertragung	Kardanwelle
Schmierung	Zentral
Getriebe & Fahrleistungen	
Getriebe	Dreigang-Schaltgetriebe Horch (Typ 400), Viergang-Schaltgetriebe Horch (Typ 405)
Schaltung	Schalthebel innen, Wagenmitte
Kupplung	Einscheibentrockenkupplung
Getriebeart	Zahnrad-Wechselgetriebe
Getriebe-übersetzungen	Dreigang I. 3.11; II. 1.70; III. 1.00; Viergang I. 4.12; II. 2.56; III. 1.62; IV. 1.0
Achsantriebs-übersetzung	4.90
Höchst-geschwindigkeit	100 km/h
Abmessungen & Gewichte	
Radstand	3160 (Typ 400) bzw. 3450 mm (Typ 405)
Spur vorne / hinten	1425 / 1414 mm
L x B x H	4720 (Typ 400) bzw. 5010 (Typ 405) x 1765 x 1760 mm
Gewicht des Fahrgestells	1350 kg (Typ 400), 1400 kg (Typ 405)
Zul. Gesamtgewicht	Cabriolet 2410 kg (Typ 400), Limousine 2500 kg (Typ 400), Pullman-Limousine 2650 kg (Typ 405)
Allgemeine Daten	
Preise Typ 400	Limousine 4 Sitze RM 8750.-, Cabriolet RM 9840.-
Preis Typ 405	Pullman-Limousine RM 10.800.-

Heute noch existierende Paul-Daimler-Konstruktionen

Nicht nur in der umfangreichen, über 1000 Fahrzeuge umfassenden Sammlung historischer Automobile der Daimler AG befinden sich Konstruktionen von Paul Daimler wie die Knight-Modelle, die Kardanwagen und die GP-Wagen von 1908 und 1914 sowie die ersten Kompressor-Mercedes-Wagen. Auch in privaten Sammlungen wird das automobile Erbe bewahrt und in aufwändiger Restaurierung in den Originalzustand versetzt. Einige dieser Paul-Daimler-Exponate sind hier aufgeführt und begeistern noch heute.

Mercedes Grand-Prix-Rennwagen 1908

Ausgeliefert 1908 als einer von insgesamt zehn Rennwagen und für den Großen Preis von Frankreich in Dieppe am 7. Juli 1908 gebaut. Dieser Mercedes war einer der fünf in Frankreich eingesetzten Werksrennwagen, fungierte allerdings als Ersatzwagen, nahm also am Rennen selbst nicht teil.

Im Dezember 1910 wurde der Wagen im Werk modernisiert und nach Amerika ausgeliefert, wo er nach weiteren zeitgenössischen Modifikationen noch an einigen Rennen späterer Jahre teilnahm. 2003 bis 2008 wurde das Fahrzeug aufwändig in den Originalzustand zurückversetzt und ist seitdem wieder auf historischen Veranstaltungen anzutreffen.

Mercedes Grand-Prix-Rennwagen von 1908. (Fotos: Michael Koch, Digital-Fotogroup)

Mercedes 45 PS mit Afrika-Kolonial-wagenkarosserie, 1906

Um das Chassis höher zu legen, war die Vorderachse bei diesem Wagen besonders gekröpft. Geliefert wurde er nach Argentinien an einen Rinderbaron.

Mercedes 45 PS mit Afrika-Kolonialwagen-karosserie.
(Fotos: René Staud)

Mercedes 37/70 PS, 1907

Ausgeliefert wurde der Sechszylinder-Mercedes-Simplex, Modell 1907, um 1908, versehen mit einer original Daimler-Karosserie von Allen Halle & Co., New York, nach Amerika exportiert zu werden. Da der Wagen in der Folgezeit keinen Käufer fand, wurde er in einem Lagerraum verstaut und 1944 durch einen der ersten Autosammler Amerikas erworben. Der Wagen befindet sich weitestgehend im Originalzustand.

Mercedes 37/70 PS.
(Fotos: Michael Koch, Digital-Fotogroup)

Mercedes Kettenwagen 45 PS mit 135-PS-GP-Motor, 1908

Der New Yorker Hermann Frasch erwarb diesen Wagen 1908 mit einer Tonneau-Phaeton-Karosserie, er wurde laut Kommissionsnummer 5956 mit Getriebe, Hinterachse und Motor des 135-PS-GP-Wagens ausgestattet.

Mercedes Kettenwagen 45 PS mit 135-PS-GP-Motor. (Fotos: René Staud)

Mercedes 10/35 PS, 1923

Dieses frühe Kompressormodell eines 10/35 PS wurde mit einer Sport-Phaeton-Karosserie an einen gewissen Josef Bardi nach Bukarest ausgeliefert.

Mercedes 10/35 PS.

Mercedes 37/90 Labourdette, 1912

Dieses Fahrzeug wurde 1912 an den amerikanischen Hut-Fabrikanten Stetson in Philadelphia ausgeliefert. In der Folgezeit wurde die ursprüngliche Karosserie des Mercedes abgenommen und durch eine Karosserie der Firma Labourdette ersetzt.

Mercedes 37/90 Labourdette. (Fotos: Michael Koch, Digital-Fotogroup)

Mercedes 22/40 PS, 1912

Dieser Mercedes 22/40 PS wurde 1912 ausgeliefert und 1913 nach Buenos Aires, Argentinien, verschifft.

Mercedes 22/40 PS. (Fotos: Michael Koch, Digital-Fotogroup)

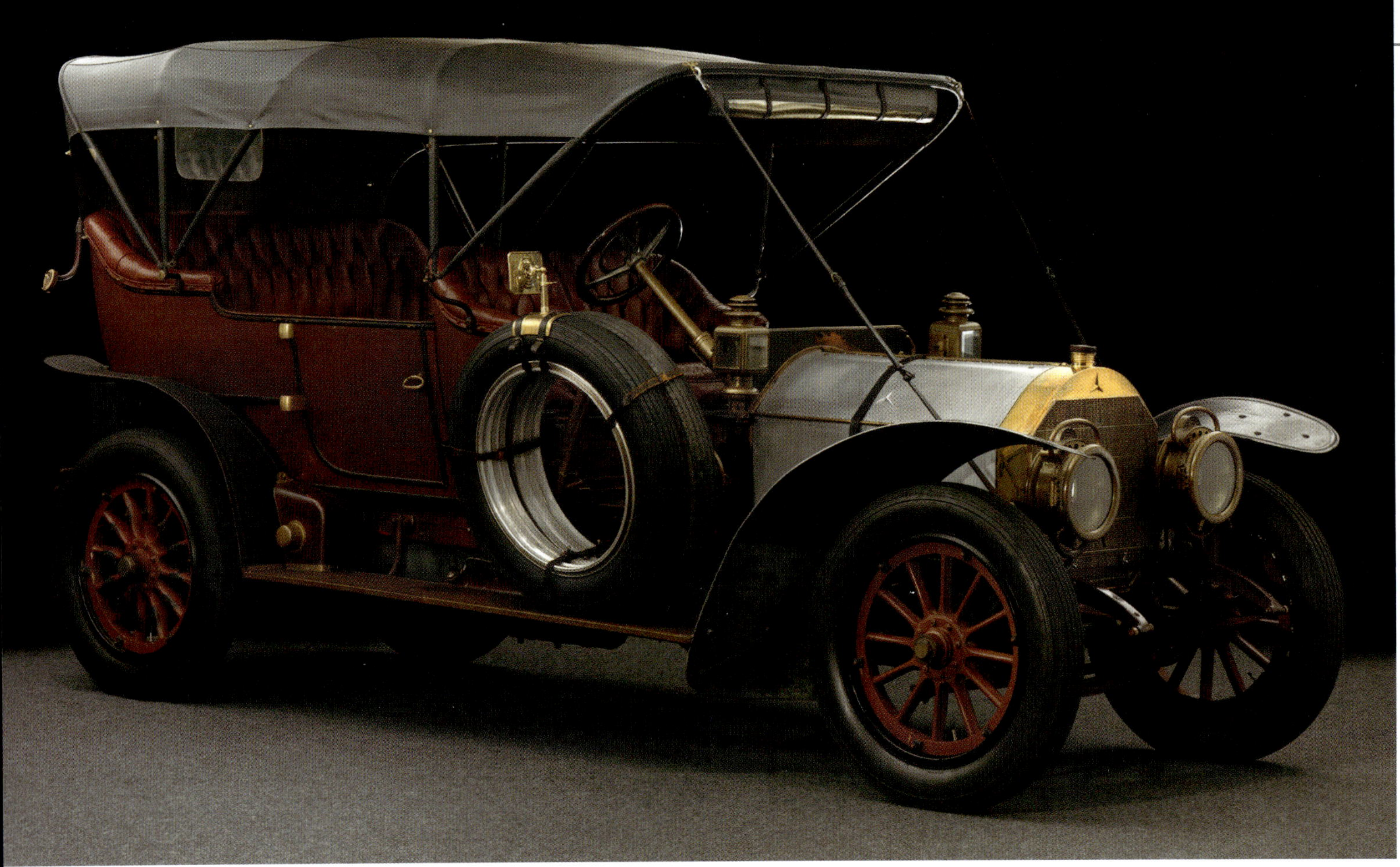

Mercedes 45 PS Tourenwagen, 1909

1909 an das Mercedes Headquarter in NY ausgeliefert, originale Untertürkheim-Karosserie. Der Wagen befindet sich weitgehend im Originalzustand.

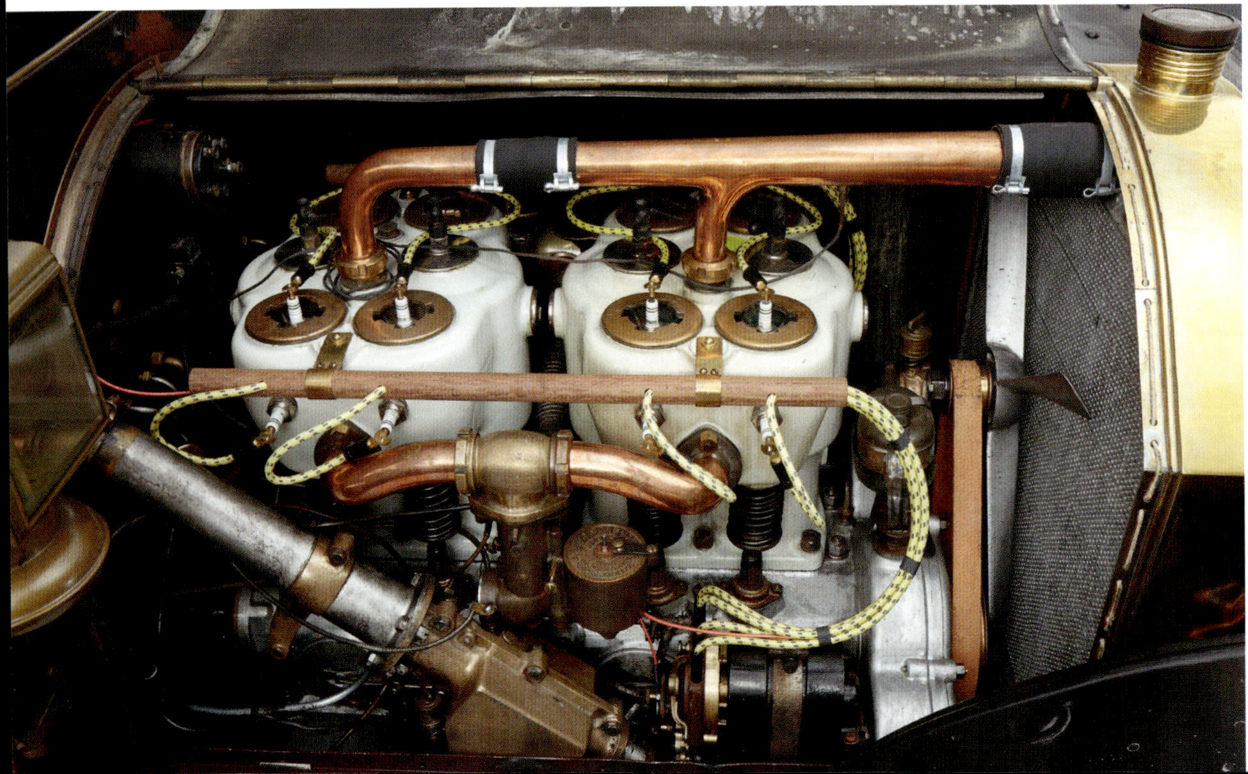

Mercedes 45 PS Tourenwagen. (Fotos: Heinz Unger / Michel Zumbrunn)

Mercedes Grand-Prix-Rennwagen 1914

Der Motor wurde 1914 für den Großen Preis von Frankreich für den Wagen von Pilette gebaut. Nach dem Krieg wurde der Wagen umgebaut und mit Vierradbremsen versehen, er bestritt so mit Lautenschlager als Fahrer 1922 die Targa Florio und kam als zehnter ins Ziel. In den Folgejahren wurde der Motor mit einem Kompressor versehen und in ein Zwei-Liter-Chassis eingebaut, um als sogenannte »Großmutter« noch an vielen Rennen teilzunehmen. Heute sind der erste Motor und ein GP-Chassis wieder vereint und das Fahrzeug ist im Daimler Museum in Stuttgart zu sehen.

Mercedes Grand-Prix-Rennwagen von 1914. (Fotos: Mercedes.Benz-Archiv [Wagen], Annette Reichwage [Motor])

Mercedes 28/95 PS Skiff, 1916/1919

1916 bestellt und 1920 nach New York an die Mercedes Repair Company z. Hd. Herrn Alfred Bourne ausgeliefert, von dort an Commodore Moore vom N.Y.C. Yacht Club verkauft. Der Wagen verfügt über eine originale Sindelfingen-Karosserie und ist weitgehend im Originalzustand erhalten.

Mercedes 28/95 PS Skiff. (Fotos: Heinz Unger / Michel Zumbrunn)

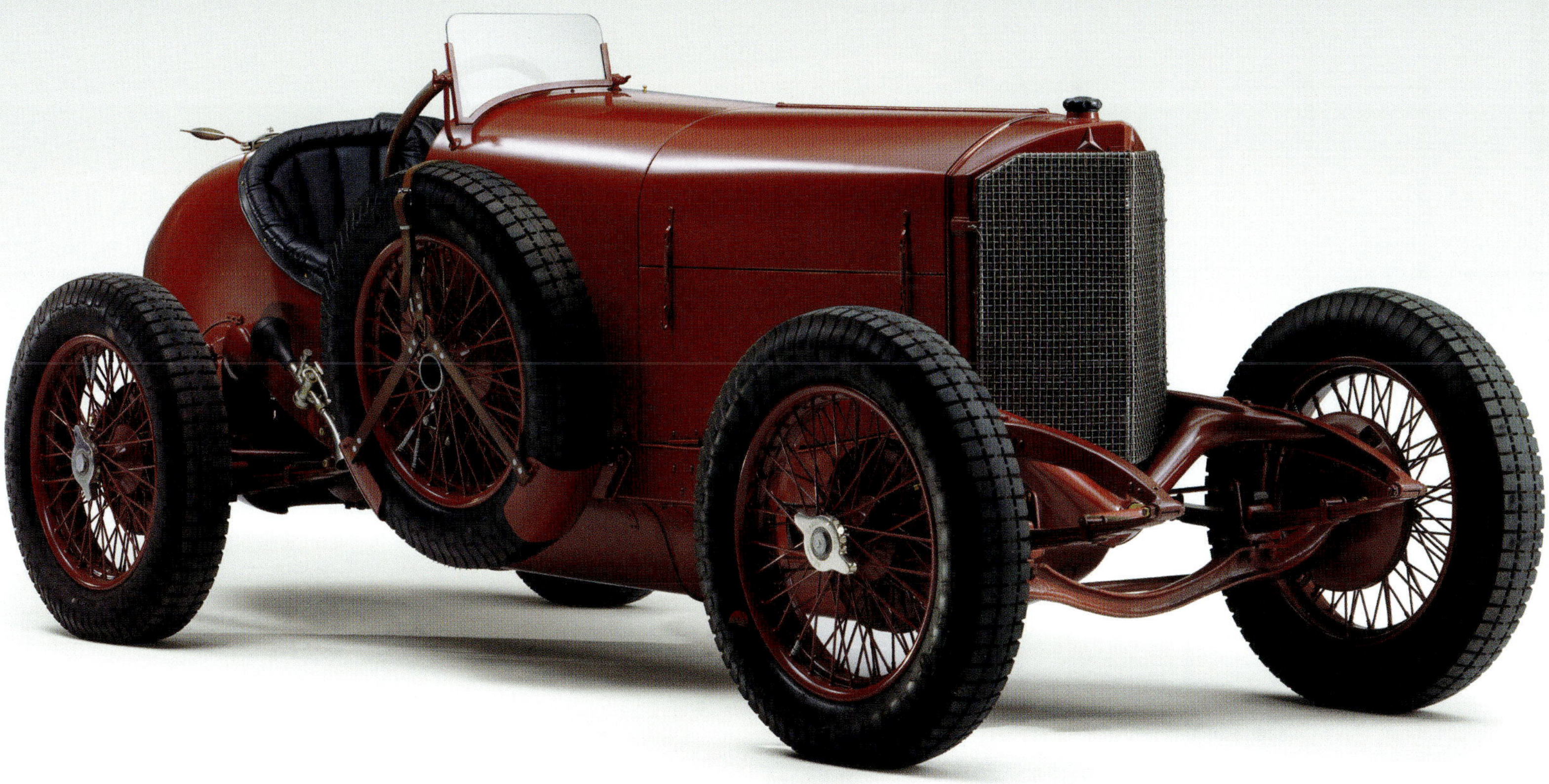

Mercedes 10/40/65 PS Sport mit Rennsportkarosserie

Dieser Wagen war ursprünglich mit einer dreisitzigen Rennsportkarosserie in der Wagenfarbe »Mercedes-Rot« versehen. Der Besitzer ließ diese durch eine zweisitzige Karosserie des Karosserieherstellers Corsica ersetzen. Die jetzige Karosserie wurde nach Originalvorlagen der ursprünglichen Rennsportkarosserie gefertigt.

Mercedes 10/40/65 PS Sport mit Rennsportkarosserie. (Fotos: René Staud)

Mercedes 6/40/65 PS Targa Florio 1,5 l, 1922

1923 von August Momberger bei der Berg- und Flachprüfung des hessischen AC gefahren, später durch Ernes Merck in Rennen eingesetzt. 1925 an Prinz Max zu Schaumburg-Lippe in Berlin verkauft. Die Karosserie ist der Original-Rennkarosserie von 1922 nachempfunden.

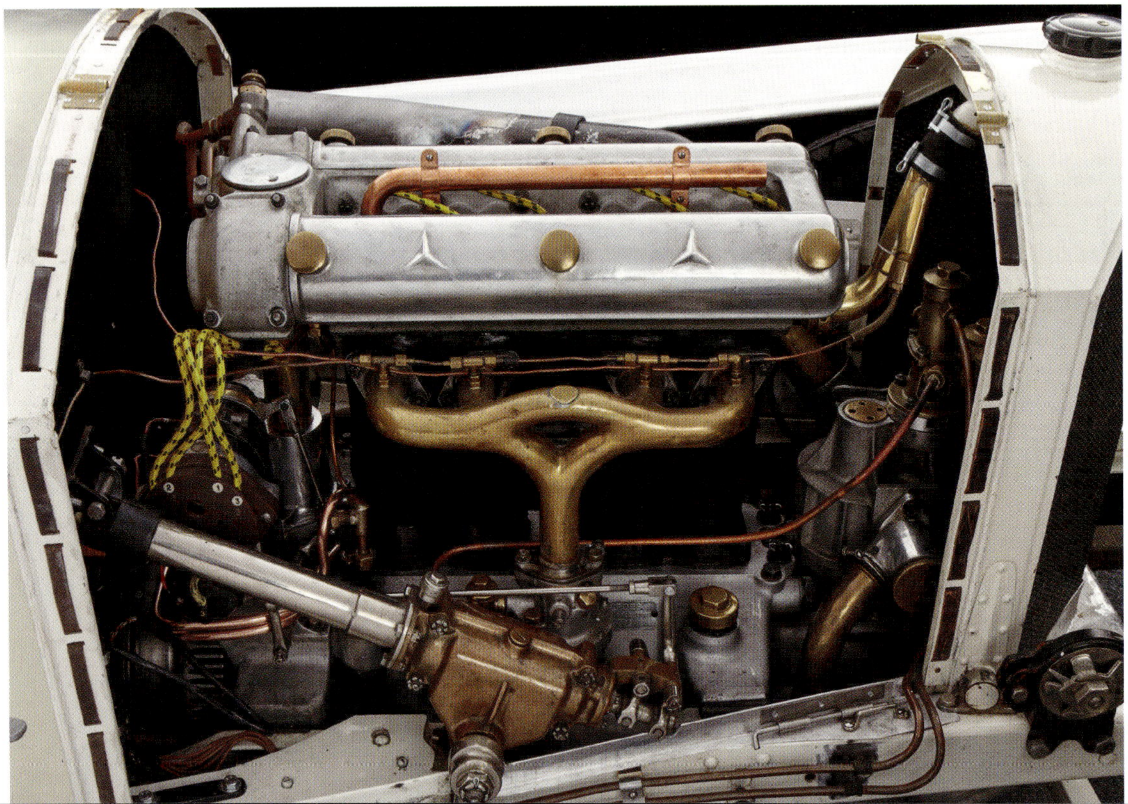

Mercedes 6/40/65 PS Targa Florio. (Fotos: Heinz Unger / Michel Zumbrunn)

Mercedes Knight 16/50 PS Phaeton

Der Wagen wurde 1924 von dem amerikanischen Automobilmaler Peter Helck erworben; er ist heute noch weitestgehend im Originalzustand, dem auch eine die Patina berücksichtigende Restaurierung Rechnung trug.

Mercedes Knight 16/50 PS Phaeton. (Foto oben: René Staud)

Indianapolis-Rennwagen, 1923

1923 für das Indianapolis-Rennen als Reservewagen gebaut und nach Amerika verschifft. Im Rennen dann durch Max Sailer und seinen Neffen Karl Sailer pilotiert und als bestes deutsches Team erfolgreich auf den 8. Platz gefahren. Nach dem Rennen verblieben alle vier teilnehmenden Mercedes-Indianapolis-Rennwagen in den USA. Weitestgehend im Originalzustand.

Indianapolis-Rennwagen von 1923. (Fotos: Heinz Unger / Michel Zumbrunn)

10/30 PS Mercedes-Knight town car, 1913

Als rollendes Chassis 1913 an Mr. Schiffer nach New York verkauft. Dort durch Demarest karossiert. Weitestgehend im Originalzustand.

10/30 PS Mercedes-Knight town car aus der Keller Collection. (Fotos: Heinz Unger / Michel Zumbrunn)

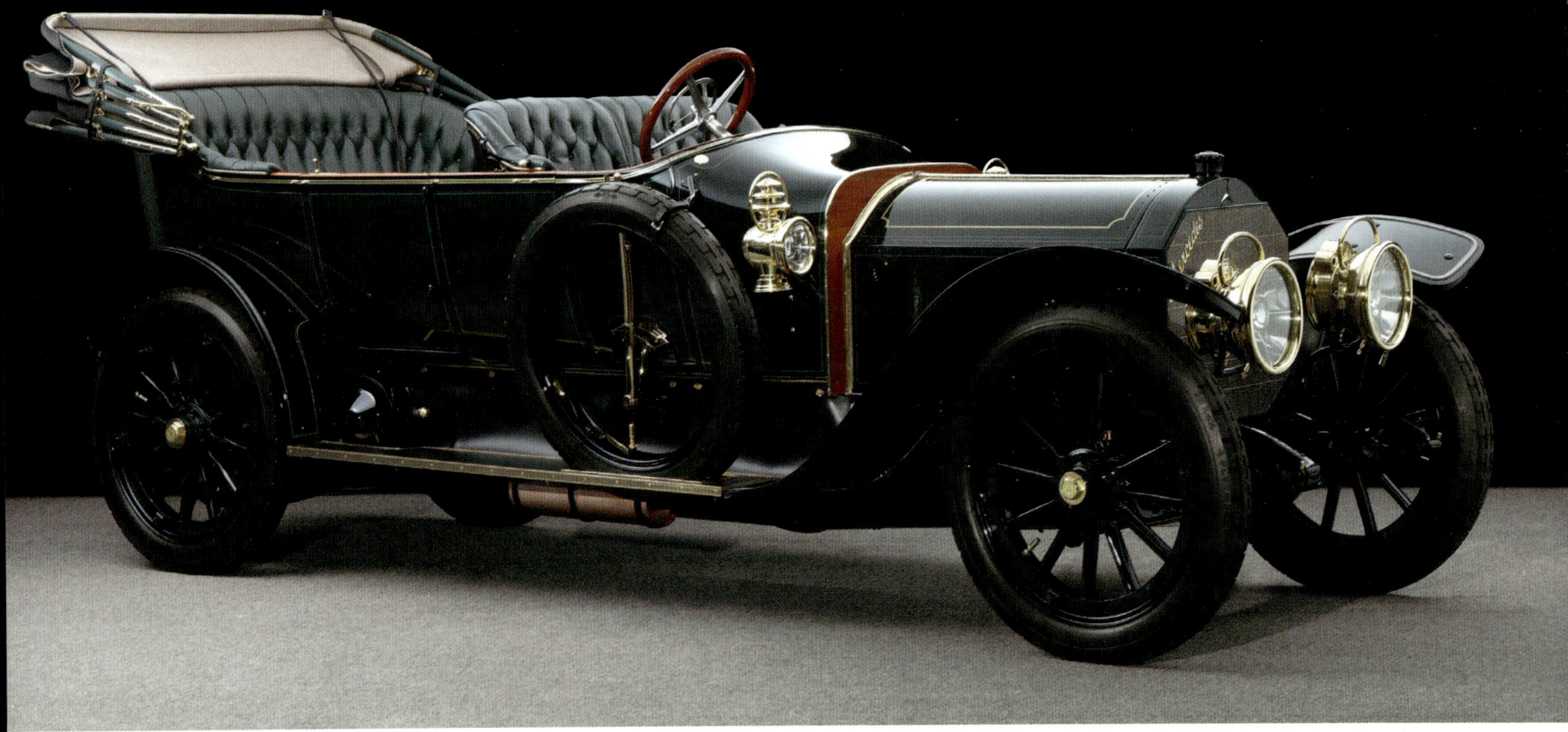

Mercedes 38/70, 1911

1911 an den Waffenhersteller Colonel Colt in NY als Chassis ausgeliefert. 1912 dann mit seinem Besitzer nach Paris überführt und dort durch Vanvooren karossiert.

Mercedes 38/70 aus der Keller Collection. (Fotos: Heinz Unger / Michel Zumbrunn)

Mercedes 28/95 Targa Florio, 1921

Eines der wenigen Exemplare dieses Typs, das mit einem Kompressor ausgerüstet wurde.

Mercedes 28/95 Targa Florio aus der Keller Collection. (Fotos: Heinz Unger / Michel Zumbrunn)

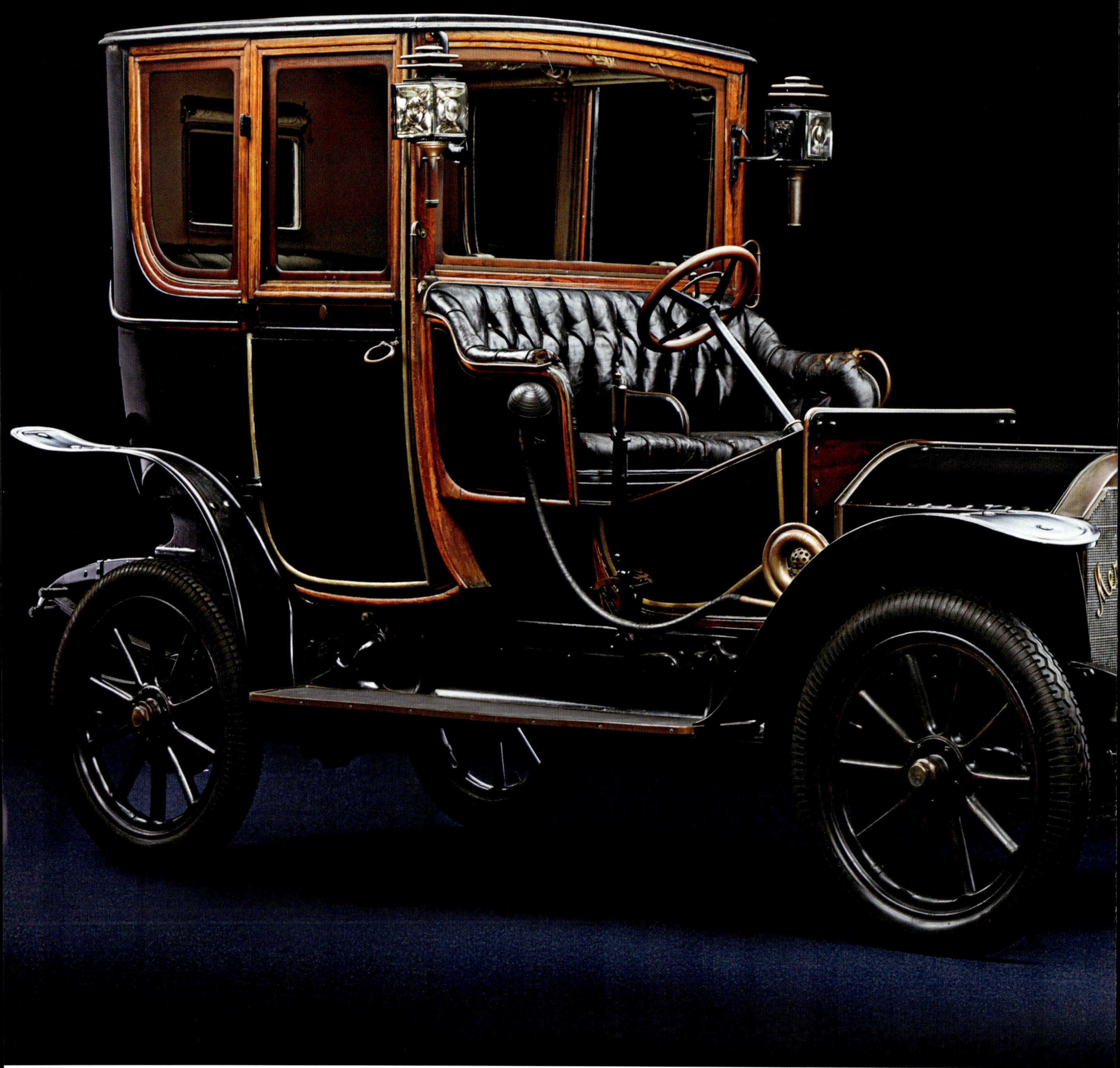

Mercedes 8/18 Kardanwagen, 1911

Der Wagen wurde 1911 unter der Bestell-Nr. 932 als »Rolling Chassis« in Auftrag gegeben und unter der Wagen-Nr. 9945 mit Motor Nr. 12770 (Simplex, Berlin-Marienfelde) fertiggestellt und nach Paris verbracht. Dort wurde das Chassis von dem berühmten Kutschenhersteller Belvallette & Cie, 24 Rue Duret, mit einem sogenannten Town-Car-Aufbau versehen.
Dieser Mercedes 8/18 stand für viele Jahre in den unterschiedlichsten Museen. So in der Harrah's Automobile Collection in Reno, Nevada, und dann für viele Jahrzehnte im Mercedes-Benz-Museum in Untertürkheim, stets im Originalzustand, unberührt und nicht fahrbereit.
Der Daimler Großaktionär Sheik Saud Al-Thani, Regent in Qatar, hat den Wagen 2001 gekauft, bis er schließlich vor ein paar Jahren vom Kurator des PS-Speichers Einbeck im Auftrag des Stifters für die dortige Sammlung erworben wurde. Der Wagen ist noch im originalen Zustand, inzwischen aber fahrfertig.

Mercedes 8/18 Kardanwagen aus dem PS-Speicher Jan C. Zimara / Spieker.

strukteurs. Gedächtnisausstellung anläßlich des 50. Todestages am 29. Dezember 1979 in Heilbronn. Heilbronn, 1979.

Stahlmann, Michael: Die erste Revolution in der Automobilindustrie. Management und Arbeitspolitik von 1900–1940. Frankfurt a.M., 1993.

Temmesfeld, Claudia: Die Bedeutung von Patenten und Lizenzen für das Wachstum der Daimler-Motorengesellschaft in den Jahren 1890–1902/03. Diplomarbeit, Universität Regensburg, 1979.

Treue, Wilhelm (Hg.): Achse, Rad und Wagen. Göttingen, 1986.

Treue, Wilhelm: Eugen Langen und Nicolaus August Otto. Zum Verhältnis von Unternehmer und Erfinder, Ingenieur und Kaufmann. In: Tradition: Zeitschrift für Firmengeschichte und Unternehmensbiographie; 3. Beiheft. München, 1963.

Trüdinger: Daimler-Motoren-Gesellschaft. In: Königliches Statistisches Landesamt Württemberg (Hg.): Beschreibung des Oberamts Cannstatt. Stuttgart, 1895.

Voß, Dietmar: Daimlers Kölner Jahre. Vortrag im VDI Arbeitskreis »Technikgeschichte« anläßlich des 150. Geburtstages von Gottlieb Daimler. O. O., 1984.

Walz, Werner, und Niemann, Harry: Daimler-Benz. Wo das Auto anfing. 6. Aufl., Konstanz, 1997.

Wandel, Uwe Jens (Hg.): 150 Jahre Gottlieb Daimler. Ausstellung des Stadtarchivs im Rathaus Schorndorf. Schorndorf, 1984.

Wissenschaftliche Schriftenreihe des DaimlerChrysler Konzernarchivs, Band 8, Hg. Niemann, Harry, und Feldenkirchen, Wilfried: 100 Jahre DaimlerChrysler Werk Untertürkheim 1904–2004. Wo das Auto anfing – Mobilität und Industrialisierung im Neckarraum. Stuttgart, 2005.

Zach, Christian: Austro Daimler Wiener Neustadt. Band I, 1899–1919, Berndorf/Österreich, 2019.

Personenregister